Scalp Shampoo
Treatment

스캘프
샴푸 및 트리트먼트 교육론

Scalp Shampoo Treatment

스캘프
샴푸 및 트리트먼트 교육론

류은주 · 오강수 지음

한국학술정보(주)

들어가면서

    스캘프(Scalp)는 모발미용술의 근간이 되는 두개피부와 두발의 영역으로 생리적 분리물이나 외적 이물질을 제거하기 위한 전문가적인 세정 및 처치가 요구되는 분야이다. 이는 미적 요건뿐만 아니라 생로병사와 같은 심리학적·분자생물학적 관점에서 다루어져야 한다. 아울러 미용교육론이란 미용의 이론 또는 실기에 대한 교육내용을 교육학적 관점에서 체계화한 교과목이라는 뜻을 지닌다. 이러할 때 『스캘프 샴푸 및 트리트먼트 교육론』은 전문계 미용고에서부터 계열성과 계속성을 가지고 나선형 교육과정의 일환으로 현 시대에서 반드시 다루어져야 하는 미용사의 선수학습이며 학문체계로 볼 수 있다.

    이러한 모든 것을 내포한 본서(本書)는 제8장으로 구성된다. 구성된 내용은 계면 및 콜로이드 화학을 중심으로 한 계면활성제와 세정이론, 두개피 육모요법 및 처치로서 두개피부유형과 육모·탈모방지제에 따른 클렌징, 컨디셔너의 이론 및 실제 등으로 영역구분이 된다.

    제1장 '계면 및 콜로이드 화학'에서는 계면화학과 콜로이드 화학을 통해 계면상태와 현상, 흡착, 활성, 콜로이드계에 따른 특성과 상태 등을 살펴보고, 제2장 '계면활성제 이론'에서는 계면활성제의 분자구조, 친수성-친유성, 미셀, 에멀션과 서스펜션, 가용화, 용해성, 기포성, 습윤·침투, 유화, 분산, 재부착 방지, 표면저하, 헹굼 작용 등을 통해 계면활성제의 성질과 작용의 관점에서 살펴보았다. 제3장 '계면활성제 종류'에서는 수용성 계면활성제를 이온성과 보조 계면활성제로 분류하였으며, 이에 따른 샴푸제 배합물 등을 여섯 가지로 분류하여 살펴보고, 제4장 '두개피 세정이론'에서는 세정에 따른 이물질의 피지성분, 분비량, 모발 바디감 등과 함께 세정 미학이 갖는 세정의 역사, 세정이론, 세정제, 세정제 유형 등을 심도 있게 살펴본다. 제5장은 '두개피 컨디셔닝제'를 분석하기 위해 모발손상 원인을 밝히고, 그 처치방법으로 린스, 트리트먼트, 컨디셔닝제를 다루었다. 제6장 '두개피 육모요법 및 처치'에서는 두개피 관리요법과 함께 두개피 유형의 탈모 및 처치를 의료계와 미용실의 관점에서 살

펴본다. 제7장 '두개피 클렌징 이론 및 실제'에서 두개피 클렌징에서 요구되는 샴푸, 세정작용, pH, 물 등 시술의 일반적 사항을 살펴보고 세발의 실제를 위한 이론으로 두개피 상태별 세정과 두부 및 경혈을 통한 마사지 기술과 세발의 실제를 살펴보며, 제8장 '두발 컨디셔너'에서는 린스와 트리트먼트를 대상으로 살펴본다.

본서(本書)는 미용현장의 직무분석에 따른 학습자 위주의 교과내용을 위해 12년 전부터 영교육과정의 일환으로 작업해왔다. 교과목상 지정된 샴푸과목은 현재 25개 4년제 대학 미용학과의 교육과정에서 3개 대학만 교과목으로 개설되었을 뿐이다. 미용술이 모발을 소재로 조형예술이 이루어짐은 교과내용 차원에서 반드시 요구되는 내용임에는 틀림없는 사실이다. 그럼에도 대체적으로 교수-학습에서는 생략되어 가르치지 않고 있다. 이에 한국학술정보(주)에서 판로의 어려움에도 불구하고 발간을 흔쾌히 허락하여 주시어 미력하지만 창의적인 인간을 육성하려는 교육이념과 목표를 위해 한 걸음이라도 다가설 수 있는 디딤돌이 되리라 생각하며, 아울러 이 책이 나오기까지 조언과 용기, 마무리 작업을 마다하지 않은 김영숙 선생님께도 감사드린다.

2012. 6.

류은주 識

CONTENTS

· 들어가면서   4

CHAPTER

01

Interface & colloid chemistry

계면 및 콜로이드 화학

1. 계면화학(Interface chemistry)   14
   1) 계면상태 및 현상   14
   2) 계면흡착 및 계면활성   16
2. 콜로이드 화학(Colloid chemistry)   17
   1) 콜로이드계(Colloid system)   17
   2) 콜로이드계의 특성(Characteristic of Colloid system)   18
   3) 콜로이드 상태(Colloid condition)   19

CHAPTER

02

Theory of surfactant

계면활성제 이론

1. 기본이론(Basic theory of surfactant)   26
   1) 계면활성제의 분자구조   26
   2) 친수성-친유성(Hydrophile property-Oleophilic property)   28
2. 계면활성제의 성질(Properties of surfactant)   29
   1) 미셀(Micell)   29
   2) 에멀션과 서스펜션(Emulsion and Suspension)   30
   3) 가용화(可溶化, Solubilization)   31
   4) 용해성(溶解性, Solubility)   32

5) 기포성(起泡性, Foamability)   32

3. 계면활성제의 작용(Function of surfactant)   32

CHAPTER

03

Type of surfactant

계면활성제 종류

1. 수용성 계면활성제(Water-soluble surfactant)   43

  1) 이온성 계면활성제(Ion surfactant)   43

  2) 보조 계면활성제(Support surfactant)   46

2. 샴푸제 배합물(Shampoo agent combination)   48

  1) 클린징제(Cleansing agents)   48

  2) 거품 촉진제(Foam booster)   52

  3) 샴푸 컨디셔닝제(Conditioning agents of shampoo)   53

  4) 농축제(Thickening agents)   56

  5) 방부제(Preservatoves)   56

  6) 그 외 첨가물(Other additives)   57

CHAPTER

04

Detergency theory of scalp

두개피 세정이론

1. 두개피 이물질(Scalp foreign subject)   64

  1) 피지성분(Sebum component)   64

2) 피지 분비량(Amount of producted sebum)　66

3) 모발 바디감(Hail texture)　66

2. 세정(Detergency)　67

1) 세정제 역사(Detergency history)　67

2) 세정이론(Detergency theory)　68

3) 세정제(Cleansing agent)　72

4) 세정제 유형(Shampoo agent types)　76

3. 세정 미학(Aesthetics of detergent)　81

CHAPTER

05

Conditioning agent of scalp

두개피 컨디셔닝제

1. 모발손상 원인(Hair damage cause)　88

2. 컨디셔닝제(Hair conditioning agent)　90

1) 컨디셔너 종류(Conditioner sort)　91

2) 컨디셔닝제 역할 및 개발(Conditioner role and development)　92

3) 컨디셔닝 배합물(Conditioning combination)　95

4) 그 외 컨디셔닝 첨가물(Other conditioing addition)　99

3. 린스제(Rinsing agent)　100

1) 린스 종류와 성분(Rinse type and component)　100

2) 린스의 일반적 성분(General companent of rinse)　103

4. 트리트먼트제(Treatment agent)　104

1) 트리트먼트제의 종류(Type of treatment agent)　105

2) 트리트먼트제의 유형(Type of treatment agent)　106

CHAPTER

06

Scalp hair growth and treatment

두개피 육모요법 및 처치

1. 두개피 육모요법 및 관리(Scalp hair growth and care)   114
   1) 두개피 관리 요법   114
   2) 육모 및 탈모 방지제   125
2. 두개피 유형 탈모 및 처치(Typical hair loss of scalp and treatment)   129
   1) 두개피부 유형   130
   2) 의료계에서의 두개피 처치   134
   3) 미용실에서의 두개피 처치   138

CHAPTER

07

Scalp cleansing theory and action

두개피 클렌징 이론 및 실제

1. 두개피 클렌징(Scalp cleansing)   152
   1) 샴푸의 목적(Objective of shampoo)   152
   2) 샴푸의 세정작용(Cleansing function of shampoo agent)   152
   3) 샴푸제와 pH 관계(Relationship between shampoo agent and pH)   153
   4) 물과 샴푸제(Water and shampoo agent)   154
   5) 샴푸제의 평가(Evaluation of shampoo agent)   154
   6) 샴푸시술의 일반적 사항(General fact of performing shampoo)   155

2. 세발의 실제를 위한 이론(Theory for action of shampooing) 155
   1) 두개피 상태별 세정방법(Shampooing method according to scalp type) 155
   2) 두부경혈 마사지 기술(Massage technique of head) 159
   3) 경혈 마사지 기술 160
3. 세발의 실제방법(True method of shampooing) 165

08

Hair conditioner

두발 컨디셔너

1. 린스(Rinse) 174
   1) 린스의 목적(Objective of rinse) 174
   2) 린스제의 조건과 종류(A condition and kind of rinse) 175
   3) 린스 시술의 실제방법(True method of performing rinse) 176
2. 트리트먼트(Treatment) 181
   1) 트리트먼트의 목적(Objective of treatment) 182
   2) 트리트먼트제의 종류(A sort of treatment agent) 182
   3) 트리트먼트제의 사용법(How to use treatment agent) 184

· 참고문헌 및 참고사이트 189
· 찾아보기 195

Chapter 1

계면 및 콜로이드 화학

● 개요

 자연계의 물질은 3개의 상을 통하여 계면과 표면 상태로서 샴푸제 또는 컨디셔닝제 역시 상을 갖는 동일한 화학물질이다. 이는 분산계와 분산매(분산질 또는 분산상)가 갖는 경계의 상태와 현황을 통해 나타낸다. 이러한 상태와 현상은 에너지를 감소시킴으로써 계면차이를 이용하는 흡착과 계면 간 표면 장력을 저하시키는 활성을 통해 계면 또는 콜로이드 상태를 저해하고자 한다. 따라서 콜로이드계의 화학적 현상과 특성, 상태를 살펴보고자 한다.

● 학습목표

 1. 계면화학에서 계면과 표면을 상에 따라 구분하여 말할 수 있다.
 2. 계면상태와 현상에 대해 말할 수 있다.
 3. 계면흡착과 계면활성에 대해 말할 수 있다.
 4. 콜로이드계와 상태를 설명할 수 있다.

● 주요용어

 계면, 표면, 분산계, 계면흡착, 계면활성, 콜로이드

Chapter 1.
계면 및 콜로이드 화학
(Interface & colloid chemistry)

1861년 그레이엄에 의해 콜로이드의 개념이 정리됨으로써 콜로이드 화학인 교질화학의 역사는 시작된다. 원자 또는 저분자 내에서 큰 입자로 분산되어 있는 콜로이드 상태에서 계면역할에 대한 중요성은 1910년경 계면화학의 발전을 가져왔고, 미립자 분산인 콜로이드 상태는 1930년 전후 입자구조에 대한 분산계의 안전성 이론이나 미셀 등의 회합 콜로이드의 기능을 중심으로 한 고분자 화학을 발전시켰다.

1. 계면화학(Interface chemistry)

고체, 액체, 기체(증기) 등 자연계가 가진 모든 물질은 3개의 상(相, phase)으로 각각의 상태에 따라 계면(interface) 또는 표면(surface)의 경계면을 갖는다.

1) 계면상태 및 현상
(1) 계면상태(surface conditign)
물질에 따라 서로 불완전하게 혼합되거나 전혀 혼합되지 않은 2가지 상으로 구성된 분산계(分散係, disperse system)를 갖는다. 이러할 때 입자 상태를 분산질 또는 분산상이라 하며 매질 쪽은 분산매라 한다.

(2) 계면현상(surface phenomenon)
고체-기체, 고체-액체, 고체-고체, 액체-기체, 액체-액체 등 5가지 기본적인 상(phase)의 형태로 유지되는 계면의 주요현상은 부착, 크로마토그래피(chromatography), 세정, 부유선광, 침전, 유화·중합, 이온교환, 윤활, 설탕정제, 정수, 발수, 젖음 등을 들 수 있다.

부착(附着)
서로 다른 두 물질이 분자 사이의 힘에 의하여 달라붙는 현상이다.

크로마토그래피(chromatography)

같은 용매에 녹는 물질들이 섞여 있는 혼합물을 분리하는 방법이다.

세정(洗淨)

어떤 물질을 씻어서 깨끗하게 한다.

부유선광(浮游選鑛, floatation)

화합물질의 혼합물을 흔들면 미세하게 분쇄된 광물 가운데 특정 광물입자 표면에 부착되어 방수성을 갖는 입자들은 표면 위에 떠오르고 거품 속에서 회수된다. 즉 소수성(疏水性) 표면을 가진 광물이 기포의 표면에 붙어 액표면으로 부상하고, 친수성(親水性) 표면의 광물은 물속에 남게 함으로써 분리되는 방법이다.

침전(沈澱, precipitation)

시약 및 가열, 냉각 등에 의하여 일어나는 화학물질의 변화에 의한 생성물이 용액 속에 나타나는 현상으로 이때 생성되는 고체를 침전물이라 한다.

유화 · 중합(乳化 · 重合, emulsion polymerization)

물에 거의 녹지 아니하는 단위체를, 유화제를 사용하여 작은 입자로 만들어 물상 속에 분산하여 중합시킨다.

이온교환(ion exchange)

불용성 고체의 이온이 같은 부호를 가진 주위의 다른 이온과 가역적으로 교환하는 반응을 나타낸다.

윤활(潤滑, lubrication)

두 개의 고체가 접촉하면서 서로 미끄러질 때, 두 면 사이에 윤활제를 넣어서 마찰이나 마모를 줄이거나 또는 그 상태나 작용을 일컫는다.

정제(-精製, sugar refining)

불순물을 제거하여 순수하게 만든다.

정수(淨水)

깨끗하게 정제되어 처리된 물을 일컫는다.

발수(撥水)

외부의 습기가 내부로 침투하는 것을 차단시킨다.

젖음(wetting)

물이 스며들어 촉촉하게 된 상태를 나타낸다.

 분산계

(分散係, disperse sysdem)
μm 이하에서 nm 이상의 미세한 입자가 기체, 액체 또는 고체 중에 분산되어 부유 현탁 상태의 계(system)로서 물질의 상태를 나타낸다. - 스모그, 오염수, 화장품, 식품 등

2) 계면흡착 및 계면활성

(1) 계면흡착(surface adsorption)

흡착은 계면에너지 저하를 일으키는 기본적인 작용이다.

○ 계면에서 포화되었을 경우 전체적으로 에너지는 감소된다. 이는 젖음, 유화, 분산, 기포, 가용화, 세정 등을 나타내거나 계면장력을 현저히 저하시키는 성질을 갖고 있다.
○ 흡착은 계면에너지 저하를 일으키는 기본적인 작용이다. 즉 계면에서 포화되었을 경우 전체적으로 에너지는 감소된다. 이때 용액에서의 작용은 용질의 결정화 또는 침전이 생긴다. 반면 용액 상에서 그대로 유지되는 열역학적 안정된 분자 응집체 또는 미셀이 형성된다.

계면활성제가 물에 녹아 있을 때

계면활성 분자는 용액 중의 평균 농도보다 더 계면에 농후하게 흡착됨으로써 용액의 내부보다 표면이나 계면에서 농도가 높아진다.

계면활성제가 물속에 용해되면

친수기는 물과 화합한다. 친유기는 물과 친화성이 없어서 이들 분자들은 표면이나 계면에서 안정된 상태를 이룬다.

(2) 계면활성(surface activity)

계면활성 분자는 계면에 대한 친화력이 매우 크다.

이들 분자는 친수성과 친유성 부분을 동시에 지니고 있기 때문이다. 안정된 계면의 자유에너지인 계면장력(surface tension)을 저하시키고자 함이 계면활성이다.

용액 중에서 계면에 흡착하여 그들의 계면성질을 현저히 변화시키는 과정을 다음과 같이 갖는다.

 - 용질의 기체와 용매인 액체(기체-액체)
 - 용질의 액체와 용매인 액체(액체-액체)
 - 용질의 고체와 용매인 액체(고체-액체)

계면성질을 현저히 변화시키는 것 표면활성(surface active) 물질이다.

특성적인 화학구조를 가진 모든 종류의 계면활성제는 본체를 형성하는

 계면활성제의 본체
용매나 내부상을 이루는 물질과 친화력이 없는 소액성기(lyophobic group)이다. 내부상을 이루는 물질과 강한 친화력을 가지는 친액성기(lyophilic group)이다.

기본(basic substance)과 기본을 수용성으로 하는 원자단(solubilizing group)을 구성하고 있다.

2. 콜로이드 화학(Colloid chemistry)

> 자연계에서 생물체를 구성하고 있는 물질의 대부분은 콜로이드 상태로서 음이온 콜로이드(negative colloid)가 많다. 콜로이드는 그레이엄이 아교, 녹말, 단백질 등과 같이 물 속에서 확산속도가 느리고, 방광막을 통과시키지 못하며, 쉽게 결정성이 될 수 없는 물질에 대해 이름 붙인 것이다.

물질의 종류가 아닌 물질의 상태를 나타내는 콜로이드는 원자 또는 저분자 상태에서 큰 입자로 분산되어 있을 때 콜로이드 상태에 있다고 한다. 분산입자를 콜로이드 입자 또는 콜로이드라 하며, 그 분산계를 콜로이드 또는 교질(膠質)이라 한다.

1) 콜로이드계(Colloid system)
자연계에 존재하는 콜로이드계의 종류는 매우 다양하다. 이들의 계면에서는 화학적인 현상이 수반되며, 콜로이드 분산은 단순히 2개 상(相)의 계면(system)을 나타내며, 분산(分散, dispersed)의 물리적 성질을 구성하고 있는 두 상의 역할에 따라 결정된다.

(1) 분산상(dispersedphase)
분산상이 갖는 분산계(disperse system)는 수μm~수nm 이상의 미세한 입자가 기체, 액체 또는 고체 중에 분산, 즉 부유 현탁하고 있는 계를 말한다. 이 입자를 분산질 또는 분산상이라 한다.

(2) 연속상 또는 분산매(continuous phase)
분산상과 분산매가 이루는 계면에서는 흡착과 전기 이중층 효과와 같은 특성이 나타난다.

에어로졸(aerosol)
분산매가 기체인 경우이다.

콜로이드 입자

지름이 1~500nm의 범위에서 있으며, 10^3~10^9의 원자를 포함한다. 계면현상은 단위 부피에 비하여 큰 계면을 가지는 경우가 있다. 그 대표적인 것이 콜로이드계이다. 콜로이드는 nm~u 크기를 지니는 한 가지 이상의 성분이 포함된 계를 나타낸다. 일반적으로 콜로이드는 액체를 분산매로 사용함으로 졸(sol) 또는 콜로이드 용액(colloid solution)이라 부르며 양 또는 음의 전하를 갖는다.

콜로이드 입자

액체 속에서 물질이 콜로이드 1~500nm의 범위에서 있으며, 10^3~10^9의 원자를 포함한다. 계면현상은 단위 부피에 비하여 큰 계면을 가지는 경우가 있다. 그 대표적인 것이 콜로이드계이다. 콜로이드는 nm~μ 크기를 지니는 한 가지 이상의 성분이 포함된 계를 나타낸다. 일반적으로 콜로이드는 액체를 분산매로 사용함으로 졸(sol) 또는 콜로이드 용액(colloid solution)이라 부르며 양 또는 음의 전하를 갖는다.

유화액(emulsion)

분산매가 액체인 경우로서 입자도 액체이다.

서스펜션(suspension)

분산매가 액체인 경우로서 입자는 고체이다. 입자가 고체일 경우 고체 콜로이드라 한다.

졸(sol)

분산매가 물인 경우 하이드로졸(hydrosol)로 사용된다.

라텍스(latex)

분산상이 고분자일 때 분산매를 라텍스라 한다.

콜로이드계 보기

콜로이드계	형태	분산상(분산질)	연속상(분산매)
크림상 화장품 우유	유화액	액체(지방)	액체(물)
버터, 마아가린	유화액	액체(물)	액체(지방)
젤리, 풀	교질	고분자	액체
액상비누, 세제	미셀용액	세제 분자 미셀	액체
치약, 진흙	분산	고체	액체
무스, 세이빙크림	거품	기체	액체
연무제(안개) 액상스프레이	액체 에어로졸	액체	기체
연기, 먼지	고체 에어로졸	고체	기체
해면	고체 거품	기체	고체

2) 콜로이드계의 특성(Characteristic of Colloid system)

콜로이드계는 입자크기와 결정형태로 분석하며 또한 자유에너지에 대한 안정성을 들 수 있다.

(1) 입자형태

콜로이드 입자는 복잡하여 정확한 형태는 드러나지 않으나 비교적 간단한 형태를 갖는다. 그 형태에 따라 구형 또는 비구형으로 구분된다.

구형

이론적인 취급이 가장 쉬운 모형은 구형으로서 많은 콜로이드계는 구형이거나 구형에 가까운 입자를 포함한다. 이들은 유화액, 라텍스, 액체 에어로졸 등을 포함한다.

 졸(sol)

액체 속에서 물질이 콜로이드 상으로 흩어져 있는 상태이다.

졸은 콜로이드 현탁액과 거시적인 현탁액을 구분하는 데 사용되며, 뚜렷한 경계가 없는 액체와 콜로이드의 혼합물이다.

cf. 유화액(emulsion)

물에 녹지 않은 물질 미립자가 액체 속에 분산된 형태, 즉 젖 모양의 용액이다.

 콜로이드계의 예

에어로졸, 시멘트, 염료, 유화액, 거품, 식품, 페인트, 플라스틱, 고무, 의약품, 흙 등이다.

비구형

구형에서 제외된 입자상 물질은 보통 회전 타원체형을 갖는다. 이는 축비 (axial ratio)로서 축의 반경과 회전 반경으로서 구성되며, 축비가 큰 경우나 작은 경우를 나누어 럭비공 모양(prolate)과 원반 모양(oblate)을 나타낸다. 이외 비구형을 갖는 고분자 물질은 직쇄상 또는 분자형 구조를 취한다. 비구형인 고분자 물질이 용매에 용해되면 코일상(coil phase)이 된다.

(2) 콜로이드계의 표면 자유에너지

일반적으로 콜로이드계는 표면-부피의 비가 크며, 분산상과 연속상이 갖는 계면에서는 불균일한 상태에 있다.

(3) 콜로이드의 안정성

∘ 콜로이드계의 제조와 안정성은 콜로이드계 파괴를 억제하는 충분한 크기의 에너지 장벽과 밀접한 관계가 있다. 콜로이드 상태를 파괴하는 것은 에너지 장벽을 낮추거나 사라지게 함에 의해 가능하다.

∘ 콜로이드 분산에서 에너지 장벽을 극복하는 에너지는 입자의 브라운운동으로부터 나온다.

∘ 에너지 장벽이 충돌에너지의 1~2배 정도이면 그 콜로이드계는 불안정하게 된다.

- 에너지 장벽이 일정해도 온도가 상승하면 불안정성 또한 증가한다.

- 에너지 장벽 높이는 매질의 조성, 온도, 압력 등의 인자에 민감하다.

- 인자를 이용 에너지 장벽을 낮추면 불안정성의 결과로 인해 응집현상을 나타낸다.

3) 콜로이드 상태(Colloid condition)

서로 불완전하게 혼합되거나 전혀 혼합되지 않는 두 가지 액체로 구성된 분산계에서 하나의 액체가 다른 액체 속에서 미립자로 되어 분산되어 있다.

콜로이드(膠質, colloid)

액체 속에서 미립자로 분산된 입자의 크기가 0.1u 이하로 ㎚~㎛ 크기를 지니는 한 가지 이상의 성분이 포함된 계를 지칭한다.

유제(乳劑, emulsion)

액체 속에서 미립자로 분산된 입자의 크기가 0.1u~수u 정도의 크기로서 공업용으로 사용되고 있는 유제는 대개 10^{-4}cm 이하이다. 입자의 형상이 일정하지 않아 계면장력에 의해 계면의 표면적을 최소로 하려는 경향이 강하여 대개 구형을 이룬다.

불연속상(discontinuous phase) 또는 내상(internal phase)

미립자상으로 분산된 액체를 갖는 상이다.

연속상(continuous phase) 또는 외상(external phase)

미립자상으로 분산된 액체를 둘러싼 주변의 상이다.

수중유계(水中油系, oil in water system, O/W형)

연속상이 물이고 기름이 불연속상인 상태이다.

유중수계(油中水系, water in oil system, W/O형)

연속상이 기름이고 물이 불연속상인 경우의 상태이다.

이중유제(二中乳劑, dual emulsion)

에멀션과 거품은 매우 유사하여 조건에 따라 구별이 분명치 않는 경우의 상이다. 불연속상이 공기 또는 가스일 때 거품(forming)이 된다.

연상(煙狀, smoke)

연속상이 기체이고 고체가 분산되어 있는 상태이다.

해면상(海綿狀, spongy)

연속상이 고체이며 그 속에 불연속상으로서 기체가 존재하고 있는 상태이다.

안개상(aerosol)

기체에 액체가 분산되어 있는 상태이다.

● 요약

1. 고분자 화학인 계면화학과 콜로이드화학은 샴푸제와 컨디셔닝제의 근간이 되며, 샴푸와 트리트 먼트의 실제를 위한 기초이론이다. 고체, 기체, 액체가 갖는 물질은 3가지 상을 구성하며, 계면 또는 표면 상태를 갖는다. 이러할 때 계면에서 일어나는 현상을 물리, 화학적으로 해명하는 학문 분야를 계면화학 또는 계면과학이라 한다.

2. 분산계는 분산질 또는 분산상, 분산매를 갖는 계면의 종류로서 위치적 에너지에 따라 다양한 현 상을 나타낸다. 이러한 현황은 계면흡착과 계면활성을 통해 장력을 저하시킨다.

3. 물질의 종류가 아닌 상태를 나타내는 콜로이드는 원자 또는 저분자 상태에서 큰 입자로 분산되 어 있으며, 분산계를 콜로이드 또는 교질이라 한다. 콜로이드계는 분산상과 연속상 또는 분산매 로 나눌 수 있으며, 입자형태로서 구형과 비구형이 있다.

4. 콜로이드 상태는 유제, 불연속상 또는 내상, 연속상 또는 외상, 수중유계, 유중수계, 이중유제, 연 상, 해면상, 안개상 등으로서 서로서로 불완전하게 혼합되거나 전혀 혼합되지 않은 미립자로 분 산되어 있다.

● 연습 및 탐구문제

1. 계면과 표면을 3개의 상이 갖는 계면현상을 통하여 설명하시오.
2. 계면흡착과 계면활성에 대하여 구분하여 설명하시오.
3. 콜로이드계에서 물리적 성질을 구성하고 있는 분산의 두상의 역할에 대해 말하시오.
4. 콜로이드계의 특성을 구분하고 콜로이드 상태를 분류하여 설명하시오.

Chapter 21

계면활성제 이론

● 개요

두 물질 간 활성을 갖게 하는 계면활성제는 양친매성으로서 소수기와 소유기의 분자구조를 통해 여러 가지 성질을 갖는다. 이는 친수-친유의 화학구조가 갖는 조합의 균형으로서 이 균형이 달라지면 침투제나 유화제, 유화파괴제 등 종류에 따른 사용목적과 용도를 달리한다. 계면활성제는 미셀, 에멀션과 서스펜션, 가용화, 용해성, 기포성의 성질과 함께 습윤·침투, 유화, 분산, 재부착 방지, 가용화, 기포, 표면저하, 헹굼 작용을 한다.

● 학습목표

1. 계면활성제의 분자구조를 설명할 수 있다.
2. 계면활성제의 성질을 설명할 수 있다.
3. 계면활성제의 작용을 8가지로 분류하여 논할 수 있다.
4. 계면활성제의 용도를 말할 수 있다.

● 주요용어

계면활성제, 미셀, 에멀션, 서스펜션, 가용화, 용해성, 기포성

Chapter 2.

계면활성제 이론
(Theory of surfactant)

계면활성제는 분산 때의 입자가 고체로서 물질의 계면에 흡착되어 전체 계(system)의 에너지를 낮추고 계면의 상호작용을 변화시키는 특성을 갖는 물질이다. 이는 물과 기름, 피부와 노폐물 등 두 물질 사이에서 활성을 갖게 하여 이들을 제거시키는 역할을 한다.

1. 기본이론(Basic theory of surfactant)

용액 중에서 계면에 흡착되어 그들 계면의 성질을 현저히 변화시키는 활성제이다.

1) 계면활성제의 분자구조

비교적 커다란 소수성(친유기)과 강력한 친수기(소유기)로 이루어진 계면활성제는 분자의 한쪽에 물과 친화력이 큰 양친매성을 가진 친수기가 있고, 다른 한쪽에는 기름과 친화성이 큰 친유기를 가지고 있다. 이때 매질이 물이라면 친수성(hydrophilic)과 소수성(hydrophobic)이라는 용어를 사용하며, 간단하게 tail과 head로 나타낸다. 꼬리부분(lipophilic group)은 비극성(nonpolar)을 띠며, 머리부분(hydrophilic group)은 극성(polar)을 띠는 양친매성(amphipathic) 물질이다.

---

tip 위치에너지
(Potential energy)

○ 두 개 상이 갖는 계면에너지가 있다. 잠재적 에너지로서 높은 곳에 있는 물체는 에너지를 갖지 않지만, 낮은 곳으로 떨어질 때 운동에너지가 나타난다. 즉, 계면의 원자나 분자는 물질 내부에 비해 높은 위치에너지(potertial energy)를 갖는다. 이러할 때 내부상에서 표면상으로 분자를 이동시키는 데 부가적인 일이 요구된다.

○ 일반적으로 물질 계면에 위치하는 원자 또는 분자는 bulk에 있는 분자보다 높은 에너지를 갖는다. 저농도 계면활성 물질은 계면에 흡착함으로써 높은 에너지를 지닌 표면분자를 치환시켜 계의 전체적인 자유에너지를 감소시킨다. bulk에 있는 분자를 계면 또는 표면으로 이동시키기 위해서는 외부로부터 에너지를 가해주어야 한다.

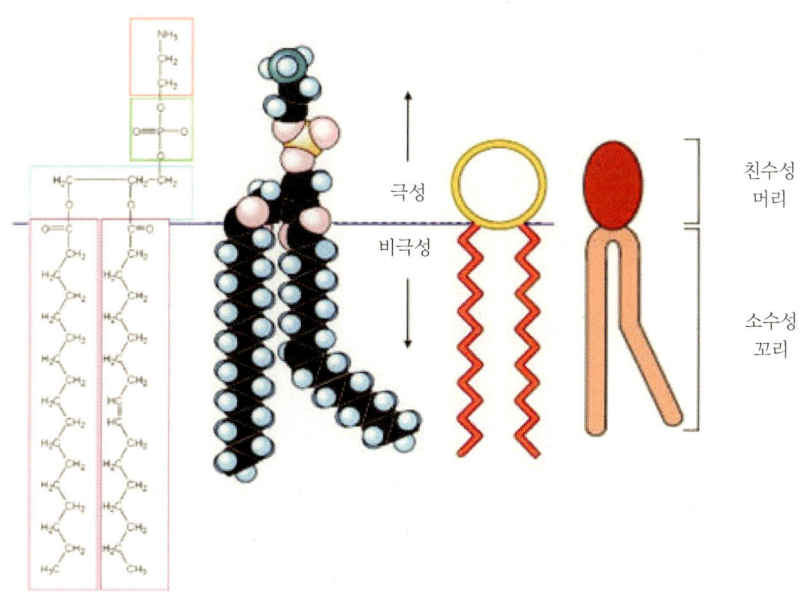

극성

비극성

친수성
머리

소수성
꼬리

계면활성제의 구조

소수기(lipophobic group)

친유기(hydrophobic group)라고도 하며 기름성질에 잘 용해된다. 비교적 큰 원자단으로 구성되어 있어 물에 녹기 어렵다. 용매나 내부상을 이루는 물질과는 친화력을 갖지 못한다. 사슬상, 고리상, 헤테로 고리상 등으로 구조가 비교적 간단한 것부터 극히 복잡한 것까지 매우 다양하다.

　　　　　　, ▬▬▬▬▬로 표시한다. 이 꼬리부분은 탄화수소기로서 곧은 사슬(paraffin chain) 또는 곁사슬(isoparaffin chain) 구조를 갖는다.

소유기(lipophobic group)

친수기(hydrophilic group)라고도 하며 기름에 용해되지 않고 물에 잘 용해된다.

○, ●로 표시한다.

물과 친화력이 커서 기름에 용해되지 않고 물에 용해된다. 물에 녹지 않는 소수기를 가용성으로 하기 위해서는 친수기가 결합되어야 한다.

2) 친수성-친유성(Hydrophile property-Oleophilic property)

친수기에 대해 친유기의 작용이 지나치게 낮으면 물에 대한 용해도는 증가되나 계면
활성 작용은 저하된다. 반면, 친수기에 대해 친유기의 작용이 지나치게 크면 물에 대
한 용해도가 거의 없어 계면활성 작용은 저하된다. 경우에 있어서도 계면활성제로서
성능이 충분히 되지 못함을 알 수 있다.

계면활성제가 여러 가지 성질을 가지고 있는 것은 그 화학구조가 친수기
와 친유기의 적당한 조합으로 이루어져 있기 때문이다. 같은 종류의 계면활
성제일지라도 이 균형이 달라지면 어떤 것은 세제로서 적당하고 어떤 것은
침투제나 유화제, 유화파괴제 등 사용목적이 달라진다.

친수-친유 균형(hyerophilic-lipophilic balance, HLB)

계면활성제의 친수성과 친유성의 구조적 성질을 정량적으로(1~40 사이의 숫자) 나타
내어 계면활성도의 용도를 친수-친유 균형으로 표시한다.

친수성이 강한 것을 40, 친수성이 약한 것을 1의 수치로서 계면활성제의
특성과 그 적당한 용도를 나타낸다.
친유성이 강한 것은 HLB값이 적다. W/O형 유화액을 이룬다.
친수성이 강한 것은 HLB값이 크다. O/W형 유화액을 이룬다.

친수성-친유성의 값
7을 기준으로 7보다 큰 경우를 친수성이라 하며, 7보다 작은 경우를 친유
성이라 한다.

〈표〉 계면활성제의 HLB와 그 용도

HLB	용도	활성상태
1~3	소포제	분산 곤란
3~4	드라이클리닝용 세제	겨우 분산
4~8	유화제(기름 가운데에 물분자)	약간 분산(W/O형)
8~13	유화제(물 가운데에 기름분자)	분산(O/W형)
13~15	세탁용 세제	투명하게 용해
15~18	가용화(물 가운데에 기름분자)	
20~30	미끄럼 방지제	
30~40	정전기 방지제	

2. 계면활성제의 성질(Properties of surfactant)

계면활성제는 종류에 따라 성질이 다소 다르나 계면에 흡착(adsorption)하여 계면에너지를 현저히 감소시킨다. 이는 젖음(wetting), 유화(emulsification), 분산(dispersing), 기포(foaming), 가용화(solubilization), 세정(washing) 등의 작용과 함께 계면장력을 현저히 저하시키는 성질을 갖고 있다.

1) 미셀(Micell)

계면활성제의 양친매성 물질은 물에 녹이면 어느 농도 이상에서는 친수기를 밖으로 친유기를 안으로 향해 회합함으로써 미셀을 형성한다. 즉, 계면활성제 분자의 집합체를 미셀이라고 한다.

(1) 미셀의 종류

구상미셀

농도가 낮은 묽은 용액에서는 구상을 형성하며, 미셀 내부는 친유성으로 유용성 물질이 잘 녹게 된다.

층상(원통상)미셀

농도가 CMC 10배 이상일 때로서 친유기 사이에 유성물질이 흡착 또는 가용화되고 친수기 사이에는 물이 존재한다.

임계미셀농도

계면활성제가 미셀을 형성하기 시작하는 농도이나, 어느 농도에서 돌연 나

 가용화

미셀 내부는 친유성이므로 기름에 녹아들어갈 수 있다.

 미셀

친수성과 친유성을 지닌 계면활성제는 수용액 중에서 계면활성제 분자와의 화합을 일으켜 미셀을 형성한다.

 구상미셀

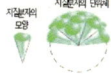

 층상미셀

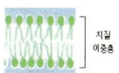

타나는 현상으로써 이를 임계미셀농도(crtical micelle concentration, CMC)라 한다. 미셀은 가역적(可逆的)으로서 한계미셀농도 이하가 되면 미셀은 사라지고 다시 분자상태로 분산된다.

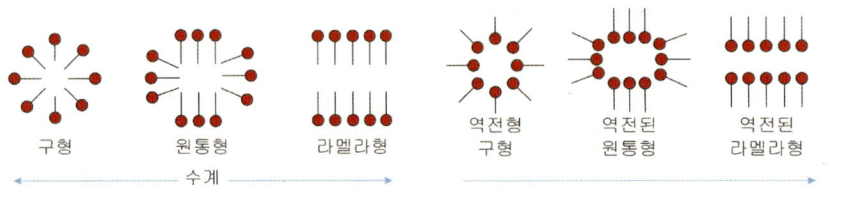

가용화 조건의 변화에 따른 미셀구근

2) 에멀션과 서스펜션(Emulsion and Suspension)

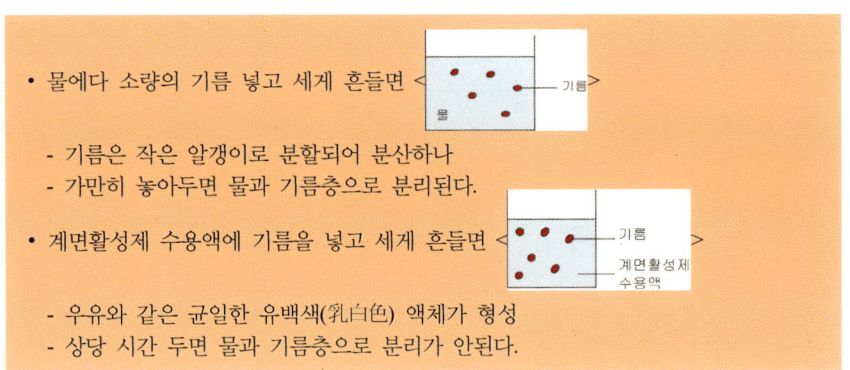

(1) 에멀션(emulsion)

계면활성제 수용액에 기름을 넣었을 때 우유와 같은 균일한 유백색 혼합 액체가 형성되는 것 혹은 수중에 기름이 미세한 입자로 존재할 때를 에멀션 또는 유탁액(혼합액체)이라 한다.

에멀션화(emulsification)

에멀션이 이루어지는 현상으로 기름 속에 계면활성제의 도움을 받아 물이 분산될 수 있다.

에멀션화제(emulsification agent)

에멀션 현상을 이루는 물질, 즉 계면활성제 또는 유화제라고 한다.

(2) 서스펜션(suspension)

액체나 기체 속의 부유물(현탁액)로 고체입자의 부유 상태이다.

입자크기가 0.1u 이하일 때: 고체입자가 액체 속에 분산되어 있다. 고체
입자의 부유 상태로서 조건에 따라 안정된 분산이 유지된다.

입자크기가 0.1u 이상일 때: 친수성 고체는 입자 주위에 물을 흡착하여
수화층을 만들어 비교적 분산이 안정된다.

친유성 고체는 분산되지 못하고 응집되어 침전된다.

3) 가용화(可溶化, Solubilization)

물에 불용성인 물질을 계면활성제 미셀의 존재하에 용해하게 되는 현상이다.
유성액체 중의 물의 가용화는 드라이클리닝의 차지법(charge system)의 원리
로서 에멀션을 장시간 방치하거나 원심분리를 하면 기름은 계면활성제 용
액으로부터 분리되어 두 층이 된다. 분리된 계면활성제 수용액 층은 투명한
액체이지만, 그중에서는 소량의 기름이 분산되어 있다. 이를 계면활성제의
가용화라고 한다. 가용화는 현상 한계미셀농도 이상에서 기름분자를 물로
끌어당기는 작용에 의해 형성된다.

4) 용해성(溶解性, Solubility)

계면활성제는 온도상승과 함께 용해도가 서서히 증가하다가 어느 온도에 이르면 용해도가 급격히 증가된다. 이 온도를 크래프트 포인트(kraft point)라 하며 크래프트 포인트 이하에서는 계면활성제 분자가 대체로 분자 또는 이온 상태로 분산되나 이상에서는 미셀을 형성한다.

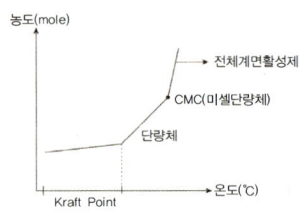

〈그림〉 전형적인 이온성
계면화성제의 온도/용해도 곡선

임계미셀농도(CMC)
(Critical Micelle
Concentration)
: 계면활성제가 미셀을 형성
하기 시작하는 농도를 말한다.

5) 기포성(起泡性, Foamability)

> 계면활성제는 거품을 이루는 액체막의 양표면에 흡착되어 표면장력을 크게 낮추고 계면활성제의 친수기가 물을 흡착, 보존하여 거품의 액체막이 얇아지는 것을 방지하기 때문에 거품이 파괴되지 않는다.

계면활성제의 수용액은 대체적으로 거품(lathering)이 잘 생긴다. 기포원리로 서는 계면활성제가 물과 공기의 계면에 흡착되어 배열되기 때문이다. 거품은 액체 또는 고체의 얇은 막 가운데 기포가 다수 들어 있는 상태이다.

3. 계면활성제의 작용(Function of surfactant)

> 용액 중에서 계면에 흡착하여 그들 계면의 성질을 현저히 변화시키는 활성제이다. 이는 서로 다른 상의 계면 차이를 이용하여 계면흡착을 행함으로써 표면장력을 저하시켜 계면활성을 부여시킴으로 이를 계면활성제라고 한다. 이는 흡착, 기포, 유화, 습윤, 침투, 유연작용 등에 따라 계면의 상호작용을 변화시키는 특성을 갖는다.

세정의 목적으로 사용되는 계면활성제는 습윤, 침투, 유화, 분산, 재부착 방지, 가용화, 기포 등의 활성작용에 의해 오염물질을 제거한다.

(1) 습윤·침투작용(humectation·infiltration action)

계면 간의 표면을 적시어 팽윤시키거나 부착력을 느슨하게 함으로써 계면장력을 저하시킨다. 습윤 작용이 커짐과 동시에 작은 구멍에도 들어가 침투작용을 증대시킨다. 미셀한계농도 이하에서 습윤·침투작용이 발휘된다.

(2) 유화작용(emulsification action)

표면장력을 저하시켜 응집되는 것을 억제시키는 목적으로 사용되는 계면활성제로서 분산제 또는 유화제라고 한다. 유화액적의 크기와 형태는 수중유적형(oil in water type, O/W)과 유중수적형(water in oil type, W/O) 두 가지가 있다.

① 유화액의 형태

유화제의 종류, 물과 기름의 체적비 등에 의해 결정된다.

유화제가 없을 때: 대량으로 사용하는 액이 연속상이 된다.

유화제가 존재할 때: 유화제가 유용성이냐 수용성이냐에 따라 W/O형, O/W형으로 구분된다.

② 유화액 형태 판별법

외관의 관찰방법, 색소에 의한 관찰방법, 희석에 따른 관찰방법, 전기전도도에 의한 방법, 굴절률에 의한 방법 등이 있다.

외관의 관찰방법

O/W형 - 크림상이다.

W/O형 - 그리이스상(greas phase)과 같은 느낌이다.

색소에 의한 관찰방법: 색소를 연속상에 녹여보아 색소가 전체에 퍼지느냐에 관한 여부에 따라 판별한다.

O/W형 - 수용성 색소로서 메틸오렌지가 사용된다.

W/O형 - sudanⅢ 유용성 색소로서 색소가 전체에 퍼진다.

희석에 따른 관찰방법

O/W형 - 물에 희석 가능하다.

W/O형 - 기름에 희석 가능하다.

전기전도도에 의한 방법: 유화액에서의 안정성은 감소형태이나 O/W형이나 수백 배 전도도가 크다.

③ 유화액에서의 안정성 감소형태

파괴(breaking)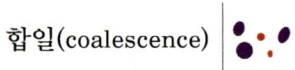

두 개의 상으로 전체적인 분리가 발생하며 미시적인 합일과정의 결과 발생하는 최종적 과정이다.

합일(coalescence)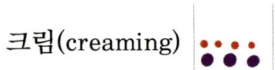

두 개 이상의 액정이 모여서 좀 더 커다란 부피의 액적으로 바뀌면서 작은 계면적을 가지는 방향으로 변화한다.

이 과정은 양의 계면장력을 가지는 모든 경우에 열역학적으로 가능하다.

크림(creaming)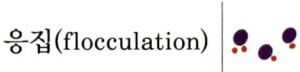

두 상의 밀도 차에 의해 응집을 유지한 상태에서 농축상으로 모이는 현상이다.

응집(flocculation)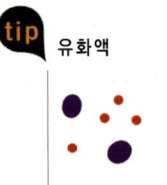

유화액적 각각의 형태를 유지한 상태로 모이는 과정이다.

(3) 분산작용(Dispersian action)

계면활성제는 고체의 오염입자에 흡착됨으로써 큰 입자에서 미세입자로 세분화한다. 세분화된 입자는 표면에 흡착되어 있는 계면활성제에 의해서 집합이 방해되어 수용액 중에 안정화된다.

(4) 재부착 방지작용(Rebonding prevention action)

roll-up된 오염물질이 재부착되지 않도록 오염입자를 안정되게 하는 작용이다.

(5) 가용화 작용(solubilization action)

물에 불용성인 물질이 계면활성제 미셀의 존재하에 용해되는 현상으로 유성물질 분자 주위에 계면활성제의 분자가 친수기를 외측으로 둘러싸고 있어 이 분자의 집단이 마치 1개의 분자와 같이 되어 물에 용해된 것처럼 보인다. 이러한 분자의 집합체를 미셀이라 한다.

계면활성제의 친유기가 길수록 미셀의 생성이 촉진되며 가용화는 증대한다. **가용화에 의해 미셀의 형태와 성질을 상당히 변화시킨다.** 비극성 물질이 내부에 존재하는 경우, 그 농도가 증가할수록 미셀의 형태는 점점 비대칭구조로 바뀌며 라벨의 형태와 가까워진다.

연속상이 비극성 매질로 바뀌는 과정에서 정상적인 라벨과 미셀은 역전된 형태로 바뀌게 된다.

(6) 기포작용(bubble action)

거품작용으로 거품형성에 따른 모발 간 접촉을 막아 마찰을 없애고, 면적을 확대하여 모발과 용액의 접촉 기회를 높여 오염을 제거하는 네 효과가 있다.

거품을 발생시키는 방법: 세관이나 다공판으로 기체를 불어주어 생성시킨다.

- 액체를 용기에 넣고 밀폐해서 흔들어주는 방법이 있다.
- 액을 비등시켜 거품을 생성시키는 방법이 있다.
- 화학반응을 통해 생성 기체를 이용하는 방법이 있다.

거품 수명의 연장방법: 이온 및 비이온 계면활성제, 고분자 등이 계면에 흡착함에 따른 인접 계면 간의 정전기적 그리고 입체 반발력 등에 의해 점도가 연장된다.

(7) 표면저하작용(surface decline action)

액체의 표면이 위축되는 힘으로써 이변 물질은 물에 적시려고 해도 잘 젖지 않는 경우가 있다. 계면활성제 작용으로써 표면장력저하 작용을 한다.

 기포작용

- 액체 또는 고체의 얇은 막 가운데 기포가 다수 들어 있는 상태이다.
- 거품은 두 가지 이상의 불용성 상(相, phase)을 포함한다. 그러므로 계면의 면적을 감소시키려는 경향을 지니므로 열역학적으로 불안정 상태를 갖는다. cf. 액상-맥주, 탄산수, 비눗물 등
고상-비스킷, 스티로폼, 우레탄폼 등

(8) 헹굼 작용(rinsing action)

오염과 세제를 제거하는 과정으로써 불충분 시 '샴푸피로'를 갖게 한다.

● 요약

1. 분산매가 고체인 계면활성제는 계면에 흡착되어 전체 계(system)의 에너지를 낮추고 변화시킨다. 또한 용액 중에서 계면에 흡착되어 계면의 성질뿐만이 아니라 표면장력을 저하시켜 계면활성을 부여시킨다. 이러한 작용은 양친매성의 분자구조 특이성으로서 친수성(머리), 친유성(꼬리)의 조합이 갖는 균형에 의해 다양한 용도로 분류된다.

2. 친수-친유 균형(HLB)에서 구조적 성질을 1~40 숫자로 정량화 표시함으로써 7보다 큰 경우 친수성으로, 7보다 작은 경우 친유성으로 나타낸다. 친수성이 약한 것을 1로 하여 가장 강한 것을 40으로 수치화하여 O/W형, W/O형으로 분류하였다. 따라서 친유성이 강한 것은 HLB값이 적다고 하며, W/O형 유화액을 이룬다고 하였다.

3. 물에 녹이면 어느 농도 이상에서는 친수기를 밖으로 친유기를 안으로 향해 회합함으로써 미셀이 형성된다.

4. 계면활성제 수용액에 기름을 넣었을 때 유백색 혼합액체가 형성되는 것을 에멀션이라 하며, 액체나 기체 속의 부유물(현탁액)로서 고체입자의 부유 상태를 서스펜션이라 한다. 물에 불용성인 물질을 계면활성제 미셀의 존재하에 용해하게 되는 가용화와 크래프트 포인트가 갖는 용해성, 계면활성제가 물과 공기의 계면에 흡착되어 배열되는 기포성 등 계면활성제의 성질을 살펴볼 수 있다.

5. 세정의 목적으로 사용되는 계면활성제는 계면 간의 표면을 적시어 팽윤시키거나 부착을 느슨하게 하는 습윤·침투와 표면장력을 저하시켜 응집되는 것을 억제시킨다. 유화는 수중유적형(O/W)과 유중수적형(W/O)으로서 유화액에서의 안정성 감소형태인 파괴, 합일, 크림, 응집상태를 갖는다. 수용액 중에 안정화되는 분산과 roll-up된 오염물질이 재부착되지 않도록 작용하는 재부착 방지작용 등이 계면활성제의 작용이다.

● 연습 및 탐구문제

1. 계면활성제의 기본이론을 통해 분자구조와 HLB에 대해 설명하시오.
2. 계면활성제의 성질 중 미셀의 종류와 에멀션과 서스펜션, 가용화, 용해성, 기포성을 구분하여 설명하시오.
3. 계면활성제가 갖는 유화작용에서 유화액적의 크기와 형태, 판별법, 안정성 감소형태 등을 통해 제품과 관련하여 설명하시오.

Chapter 31

계면활성제 종류

● 개요

비누의 제반 문제점을 보완한 계면활성제는 세정 능률을 향상시킴으로써 친수성기의 이온은 물에 대한 용해성과 함께 소수성기는 장쇄의 탄화수소로 구성된다. 계면활성제는 용매계에 따라 유용성, 수용성으로 대별되며, 수용성은 이온성 계면활성제와 보조 계면활성제로 나뉜다. 이온성에는 음이온, 양이온, 양성, 비이온성으로 소분류된다. 계면활성을 갖는 원자단이 음전하인 음이온 계면활성제 제1제는 지방산계와 고급알코올계가 있으며, 원자단이 양전하인 양이온 계면활성제는 아민염, 4차 암모늄, 양성 계면활성제는 이미다졸린형, 알킬베타인형, 설포베타인형, 비이온 계면활성제는 알코올 또는 알킬페놀의 폴리옥시에틸렌이써, 스팬, 트윈 등의 제1제가 사용된다. 샴푸제 배합물에는 클린징제, 거품촉진제, 샴푸컨디셔닝제, 농축제, 방부제, 그 외 첨가물 등으로 구성된다.

● 학습목표

1. 계면활성제를 분류할 수 있다.
2. 계면활성제의 작용과 특성을 설명할 수 있다.
3. 샴푸제 배합물에서 클린징제를 분류하여 제재 및 효과작용 등을 설명할 수 있다.
4. 샴푸 컨디셔닝제를 설명할 수 있다.
5. 거품촉진제, 농축제, 방부제, 그 외 첨가물 등을 설명할 수 있다.

● 주요용어

수용성 계면활성제, 비이온 계면활성제, 보조 계면활성제, 샴푸배합물, 거품촉진제, 농축제, 방부제, 첨가제

Chapter 3.

계면활성제 종류
(Type of surfactant)

비누(soup)에서 출발하여 비누의 제반 문제점을 보완한 계면활성제는 세정 능률을 보다 향상시켰다. 계면활성제 분자를 구성하는 친수성기는 이온을 띠거나 강한 극성력을 가진 물에 대한 용해성을 증가시키며, 소수성기는 대개 장쇄의 탄화수소로 되어 있다. 또는 수용액 상태의 활성제는 이온분리 여부에 따라 양이온(+), 음이온(-)과 양쪽의 성질로서 음과 양의 양성을 나타내느냐에 따라 분류된다.

계면활성제 분류 방법

용해성을 결정짓는 방법으로서 유기 용매계와 물을 용매로 하는 계로서 결정한다. 즉, 수용성 계면활성제는 그것이 이온성 또는 비이온성에 관계없이 계면활성제의 기본 (basic substance)과 기본을 수용성으로 하여 주는 원자단(solubilizing group)을 갖고 있다.

(1) 유용성(油容性) 계면활성제
유기 용매계에 용해되며 유기구조를 띠는 부분에 의해 결정된다.

(2) 수용성(水溶性) 계면활성제

환경	구성	물 가운데서 친수기 상태	용도
음이온 계면활성제 (anionic surfactant)	⊖	마이너스 이온이 됨	샴푸, 바디 비누
양이온 계면활성제 (cationic surfactant)	⊕	플러스 이온이 됨	린스, 트리트먼트
양성 계면활성제 (dipolar surfactant)	⊖ ⊕	양쪽 이온을 다 가지고 있음	샴푸, 세안
비이온 계면활성제 (nonionic surfactant)		이온이 없음	샴푸, 바디 비누

① 이온성 계면활성제
음이온 계면활성제, 양이온 계면활성제, 양(쪽)성 계면활성제, 비이온성 계면활성제 등이 있다.

② 보조 계면활성제

1. 수용성 계면활성제(Water-soluble surfactant)

계면활성제 분자의 어떤 부분이 용해성을 부여하는지는 사용 용매계에 따라 달라진다. 수용성 계면활성제는 물(H_2O)을 사용함으로써 용해성은 극성이 큰 원자단이나 이온을 띠는 부분에 의해 결정된다. 이온화하는 친수성기의 기능은 강한 산성 또는 염기성을 띠나 이온화된 염의 형태로 중성화되어 있다.

1) 이온성 계면활성제(Ion surfactant)

계면활성 현상을 보이는 이온은 양이온이거나 음이온으로 때에 따라서는 두 이온성을 모두 갖는 양쪽성일 경우도 있다.

(1) 음이온 계면활성제(anianic surfactant)

계면활성제가 물 가운데에서 해리(解離, dissociation)하며, 계면활성을 나타내는 원자단인 친수성기가 음전하를 갖는다. 비누를 비롯한 세제로 사용되는 계면활성제의 대부분이 여기에 속한다. 계면활성제 시장의 약 64%를 차지한다.

① 음이온 계면활성제 제재

지방산계 계면활성제

◦ 지방산염(비누): 약산의 강알칼리염이다. 수용액은 알칼리성이어서 모발을 팽윤시킨다. 물속의 칼슘과 결합하여 불용성 칼슘이 모발에 잔류하면 마무리 느낌을 나쁘게 만든다.

◦ 액체비누인 샴푸: 자극온화, 기포 발생력, 세정력, 내경수성 등이 좋다.

고급알코올계 계면활성제: 눈 및 피부를 자극하기 때문에 대체제가 필요하다.

◦ 알킬황산염(AS): 기포가 풍부하고 탈지력이 강하다. 샴푸에 많이 사용된다.

◦ 폴리옥시에틸렌 알킬 이써: [$RO(CH_2CH_2O)SO_3M$]: AS에 비해 친수기는 강하나 기포력, 세정력이 낮다. 반면 피부자극은 적다.

◦ **무수 알킬 설포 호박산 에스터:** 기포가 좋고 다른 음이온 계면활성제보

다 피부자극이 적으며 pH 5~9에서 안정하다.

② 기타 음이온 계면활성제

주성분으로 사용되고 있는 것은 없으나 AOS(alfa olefine sulfate)로 C_{14}~C_{16}은 기포, 경수성 면에서 우수하고 가격도 저렴하다.

(2) 양이온 계면활성제(cafionic surfactant)

계면활성제 시장의 약 8% 점유하며, 친수성기로 양이온 전하를 갖는다. 계면활성제가 물에 용해되었을 때 해리하여 계면활성을 나타내는 원자단이 양전하를 갖는다. 일반적으로 사용하는 계면활성제가 음이온 계면활성제이므로 양이온 계면활성제를 '역성비누'라 부르기도 한다.

① 양이온 계면활성제 작용

기포력과 세척력이 약하여 세제로 사용되는 것은 드물며 물 가운데에서 음으로 전하된 섬유에 잘 흡착한다. 섬유의 유연제, 대전방지제, 발수제 등으로 사용된다. 한번 모발에 흡착된 양이온 계면활성제나 유분은 물 세척으로 간단히 제거되지 않는다. 린스 후 가볍게 또는 충분히 헹구면 린스 효과는 거의 변하지 않는다.

음전하를 가진 세균을 강력히 흡착하여 생활기능을 없앤다. 살균, 소독 등 손을 씻는 역성비누(inver soap) 또는 양성비누(cationicsoap)로 사용된다. 살균성과 함께 가려움과 냄새가 억제된다.

단백질과 친화력이 강하며 모발에 대한 흡착성이 크며, 정전기 발생을 억제한다. 컨디셔너, 트리트먼트제에 배합한다.

최근 모발 유연효과를 높이기 위해 양이온 활성제와 음이온 활성제가 양립할 수 있는 rinse in shampoo agent가 생산되고 있다.

② 양이온 계면활성제 제재 특성

아민염(R_3N): 계면활성제로서의 역할은 미비하나, 산성에 잘 녹고 알칼리나 중성에선 불용성이 된다. 금속 표면의 부식 방시세로 사용된다.

4차 암모늄염: 암모늄이온(NH_4)의 4개의 수소가 모두 알킬기로 치환된 것을 4차 암모늄이온이라 한다. 유화제나 대전방지제로 사용되며, 4개의 알킬기 중 하나가 벤질기를 가지면 강력한 살균작용을 갖는다.

(3) 양(쪽)성 계면활성제(amphoteric surfactant)

계면활성제 분자 내에 음 또는 양이온으로 해리되는 원자단을 가진 양성 화합물이다.

① 양성 계면활성제의 작용

- 세제보다는 주로 화장품, 살균제, 금속방출제 등에 사용된다.
- 양성 계면활성제는 다른 종류의 계면활성제와 함께 사용할 시 상승효과를 나타낸다.
- 피부와 눈에 자극이 적어 생체접촉에 무해하며 어린이 샴푸제 등에 사용되고 있다.

등전점을 가지고 내경수성, 살균, 세정 등의 특성을 갖는다. 등전점보다 알칼리성 용액에서는 활성기가 음이온으로 작용하고, 등전점보다 산성액에서는 양이온으로 작용한다. 인체에 대해 알레르기성, 일광에 의한 피부독성이 있다. 특히, 화장품에 사용되는 경우 주의해야 한다.

② 양성 계면활성제 제재

이미다졸린형(imidazolium type) 양성 계면활성제: 마일드(mild)하여 유아용 및 샴푸보조제로 주로 사용한다. 자극이 적고 헹굼이 쉽지만 기포와 감촉이 나쁘고 염료를 퇴색시킨다.

알킬 베타인형(alkyl betaine type): 기포력은 나쁘나 세정력은 우수하다.

셀포 베타인형(sulfo betaine type): 기포력이 우수하다.

(4) 비이온 계면활성제(nonionic surfactant)

비이온기는 비교적 약한 친수성기로 작용기의 수가 늘어남에 따라 가용화 효과를 크게 나타내는 부가적인 특징을 보유하고 있는 계면활성제로서 유화, 분산, 가용화, 증점(增粘), 침투성 등이 뛰어나다. 다른 계면활성제는 수용액에서 해리되어 이온은 형성하지만 비이온 계면활성제는 친수기가

hydroxyl group(-OH), ether group(-O-), amide group($-CONH_2$)와 같이 해리되지 않는 약한 친수기를 여러 개 가지고 있다. 이 약한 친수기의 수에 따라 HLB 가 달라진다.

① 비이온 계면활성제 작용

다른 이온성 계면활성제와 혼용 시 상승작용을 갖는다. 세척작용이 우수하나 기포성이 낮다. 향료와 색소의 가용화제로 배합시켜 화장품 제조 시 많이 사용한다.

친수성기가 전하를 띠지 않으나 강한 극성기를 가지고 있어 물에 대한 용해성을 부여하는 작용기를 함유한다.

전기적 중성으로 전해질의 존재에 민감성이 약해 pH에 의한 영향이 적어 합성과정에서 용해성을 조절하는 특징이 있다.

② 비이온 계면활성제의 제재

알코올 또는 알킬페놀의 폴리옥시에틸렌 이써: 부가중합된 것으로서 옥시에틸렌(CH_2CH_2O)은 약한 친수성을 지니고 있어 부가수에 따라 친수성이 달라진다. 비이온 계면활성제 중에 가장 많이 쓰이는 세제의 중요한 원료 중 하나이다.

스팬(span): 솔비톨 또는 솔비탄과 같은 다가 알코올과 고급지방산과의 에스터 된 계면활성제로 -OH기가 친수성을 나타낸다. 비교적 친수성이 크고 (HLB 4~8) 독성이 없어 식품 및 의약품에 쓰이는 계면활성제로 독성이 적다.

트윈(tween): 스팬에 폴리옥시에틸렌 20㎖ 정도를 부가하여 친수성을 높인 (HLB 15~17) 계면활성제로 독성이 적다. 식품 및 의약품의 유화제로 사용된다.

2) 보조 계면활성제(Support surfactant)

(1) 알카놀 아마이드(alkanol amide)

지방산 또는 그 에스터를 알카놀 아마이드와 축합시켜 얻어지나 반응조건에 따라 아마이드 외에 에스터와 아마이드-에스터를 형성한다.

알카놀 아마이드 작용

- 지방족 알카놀 아마이드는 큰 기포력과 거품 안정성을 가지고 있어 샴푸, 식기세척제, 화장품 등에 사용되고 있다.
- 기포의 볼륨감, 점증감의 증가, 세정력의 보강, 알칼리 황산에스테염 (AS)의 용해성 향상 등의 목적으로 샴푸에 배합한다.
- 용해성이 좋고 융점이 낮아 액체샴푸에 좋다.

(2) 아민옥사이드(amine oxide)

3급 아민을 과산화수소로 직접 산화하여 합성시킨 극성 비이온이다.

아민옥사이드 작용

- 풍부한 기포성은 없으나, 다른 음이온 계면활성제와 병용하여 작용한다.
- 기포성 안정제, 컨디셔닝제, 대전방지제로 작용한다.
- 용해성이 좋아 피부 접착 시 부드러움을 갖는다.

---

* 계면활성제 제조

친유기를 만드는 원자의 집합과 친수기를 가지는 원자단으로 결집된 물질을 가지고 있다. 비누는 고전적인 계면활성제로서 야자유 등 식물성 기름을 수산화나트륨(NaOH)에 반응시켜서 만든다. 일반적으로 식물성 기름은 지방산과 글리세린(glycerin)이 주성분이다. 유지(oil)와 수산화나트륨용액(NaOH solution)을 가열함으로써 지방산 나트륨이 만들어지고 글리세린이 유리된다.

- 야자유(지방산+글리세린)+NaOH→Soap(fatty acid+Na)+glycerin

  순수한 지방산에 NaOH를 반응시켜도 지방산 나트륨이 된다.

- fatty acid+NaOH→지방산 나트륨+H_2O

  NaOH 대신 KOH를 사용하면 칼륨비누가 된다.

  $C_5H_{11}COOH→C5_{11}COO+H+NaOH→Na^++OH→C_5H_{11}COONa+H_2O$

＊ 비누화

비누는 고전적인 계면활성제로서 야자유(油) 등 식물성 기름을 NaOH에 반응시켜 만든다.

① 비누제조 과정
- 일반적으로 식물성 기름은 지방산과 글리세린이 결합된 주성분으로 기름과 수산화나트륨 용액을 첨가시켜 가열함으로써 지방산나트륨이 결합되고 글리세린이 유화된다.

  야자유(지방산+글리세린)+NaOH→비누(지방산+Na)+글리세린
- 순수한 지방산에 수산화나트륨(칼륨)을 반응시켜도 지방산나트륨(칼륨) 생성이 된다. 이것이 비누화된 비누이다.

  지방산+NaOH→지방산나트륨+H_2O

  지방산+KOH→지방산칼륨+H_2O

  칼륨비누는 나트륨비누에 비해 좀 더 부드럽고 물에 용해성이 크다.
- 비누는 ◇◇◇◇◇Na이라는 형태의 분자를 갖는 계면활성제이다.

  지방산 부분이 친유기를 갖는다.

  나트륨 부분이 친수기를 갖는다.

② 비누제조 원료

유지의 종류에 따라 3가지로 나눈다. 이들은 모두 화학적으로 각종 고급 지방산의 나트륨 혼합물이다.

야자유비누(coconut oil soap), 팜유비누(palm oil soap), 올리브유비누(olive oil soap) 등이 있다.

2. 샴푸제 배합물(Shampoo agent combination)

샴푸제 원료에는 기포 세정제와 기타 첨가제가 있다. 기포 세정제는 음이온성 계면활성제, 양성 계면활성제, 비이온성 계면활성제가 사용된다. 최근 샴푸제조는 미용적(cosmetic attributes)을 향상시키려는 성분들과 같이 특수한 기능과 특성을 가진 성분들을 포함한다.

1) 클린징제(Cleansing agents)

(1) 음이온 계면활성제(anionic suface active agent)

주로 기포세정제로 사용되는 음이온 계면활성제는 물에 녹았을 때 음전하로 샴푸제에 가장 많이 사용되며, 비누도 여기에 속한다. 특징으로 거품(forming), 세척(cleansing), 유화(emulsifying) 등의 작용이 뛰어나며 가격 자체도

 tip 기포세정제
- 음이온성 계면활성제
- 양성 계면활성제
- 비이온성 계면활성제가 사용된다.

적당하다.

알칼리 황산에스터염 및 폴리옥시에틸렌 알킬 이써

○ 가격이 저렴하며 공급력 또한 쉽다.

○ 샴푸활성제인 나트륨염, 암모늄염, 트라이에탄올 아민염 등이 사용
   된다.

○ 중성에서 세정력이 우수하며, 경수에는 안정성이 있고 기포력이 우수하다.

○ 자극성이 낮은 연성타입인 AES(Alkyl ester sulphonic acid)이다.

아실미틸 타우린염(AS) 및 폴리옥시에틸렌 알킬 이써

○ 인간 또는 동물의 담즙 중에 존재하는 생체 계면활성제 타우로콜산
   (taurocolic acid)과 유사한 구조를 갖고 있다.

○ 안정성이 높아 계면활성제로 이용되고 있다.

○ 친수성기가 설폰산나트륨으로 내산 내경수성이 좋다.

○ 세발 후 두개피에 잔류하지 않아 신진대사를 원활히 해준다.

N-Acyl: 글루타민산염

아미노산을 원료로 제조된 계면활성제로서 나트륨염, 트라이에탄올 아민
염이 있다.

○ AS, AES에 비해 기포질이 가볍다.

○ 피부나 눈에 대한 자극이 약하다.

○ Ca, Mg와 접촉 시 불용성 금속비누를 형성시키므로 모발이 뻣뻣해진다.

알킬황화물(alkyl sulfates)

대부분 샴푸 제조에 사용되는 나트륨황화물(sodium lauryl sulfate), 암모늄황
화물(ammonium lauryl sulfate), 트라이에탄올 아민라우릴 황화물(triethanolamine
lauryl sulfate)로 각각의 계면활성제에 대한 선택은 물에 대한 용해성과 pH
안정성 등에 따라 사용된다.

○ 나트륨황화물: 찬물에서 난용성이므로 샴푸제로서 사용은 제한적이다.

○ 암모늄황화물: 산성 pH에서 제조되며 찬물에 용해성이다.

○ 트라이에탄올 아민라우릴 황화물: 낮은 pH에서 가수분해되는 경향이
   있으나 찬물에 용해된다.

알킬 이써 황화물(alkyl ether sulfate)

◦ 알킬 황화물과 비교해서 알킬 이써 황화물은 부드럽고 눈에 덜 자극적이나, 광택과 점성은 좋지 않다.

◦ 샴푸제 제조 시 알킬 황화물과 알킬 이써 황화물을 혼합하여 사용한다.

◦ 알킬 이써 황화물은 알킬 황화물 중 나트륨황화물과 암모늄황화물을 주로 사용한다.

알킬 설폰산염(alkyl sulfonates)

일반적으로 사용되는 대부분의 샴푸제인 알킬 설폰산염은 알파-올레핀설폰산(alpha-olefin sulfonates, AOS)이다.

◦ 유황삼산화물(sulfur trioxide)과 설폰화한 알파올레핀(sulfonating alpha-olefin)에 의해 제조된다.

◦ 중합 후 알켄 설폰산염(alkene sulfonates)과 수산기 알켄 설폰산염(hydroxy alkene sulfonates)의 혼합물을 생성한다.

◦ 기포력이 크며, 다양한 pH에서도 매우 안정적이나 점도 면과 농도에서는 다소 불안정하다.

◦ 전체 샴푸제 중 10% 미만으로 사용되고 있다.

알킬벤젠 설폰산염(alkyl benzene sulfonates)

이 계면활성제는 알킬벤젠(alkyl benzene)과 유황 삼산화기나 유황산의 설폰화에 의해 제조된다.

◦ 샴푸제로서는 5% 미만으로 사용된다.

◦ 높은 세정력과 거품 특성을 갖고 있다.

◦ 표피세포의 베리어층을 녹이므로 눈과 피부에 자극을 준다.

알킬유황반 에스터와 N-아실기코신산(alkyl sulfosuccinate half eseters and N-acyl sarcosinate)

샴푸제에 주로 사용되는 계면활성제이나 스스로 거품을 일으키지 못한다. 재제는 알킬유황기(alkyl sulfosuccinates)이다.

◦ 부드러워 피부와 눈에 자극이 없어 음이온 계면활성제와 함께 사용된다.

사코신산(sarcosinate)

모발 컨디셔닝 효과를 갖기 위해 음이온 계면활성제와 혼합하여 사용한다.

◦ 비누에서의 사코신산은 경수에서 침전이 형성되는 경향이 있다.

(2) 양성 계면활성제(Ampholylic surface active agent)

양성 계면활성제는 음이온의 위치에 이황화탄산기(sulfates, carboxylates) 또는 설폰산염이 위치한다. 또한 양이온적 위치에는 아미노질소나 4급 원소 (quaternary)가 위치한다. 매개체는 pH로서 양성이온, 음성이온 또는 쌍극성의 이온을 띤 계면활성제이다.

① 양성적인 계면활성제

제재: 주로 샴푸에 사용되는 것은 코카미도프로필 베타민(cocamidopro-pylbetaine), 코캄포카복실 글리신산 프로피온산(cocamphocaboxy glycinate propionate), 나트륨 라우리미노 다이플피온(sodium laurimino dipionate), 나트륨 라우리 이미노 다이프로피온산(sudium lauri imino dipropionate) 등이다.

양성적 글리신(amphoteric glycinates), 양성적 프로피온(amphoteric propionates), 이미노 프로피온(imino propionates), 아미노 프로피온(amino propionates), 베타인(betaine)등이다.

효과 및 작용: 전 제품 중 30% 이상 사용되며 음이온 계면활성제와 조합하여 사용 시 안전성과 증점 등이 향상된다.

- 물에 녹았을 때 용액의 pH에 따라 양이온 또는 음이온화 함으로써 자체 내 등전점을 유지하고자 한다.
- 알칼리 쪽에서는 음이온 계면활성제의 역할을 한다.
- 산성 쪽에서는 양이온 계면활성제의 역할을 한다.
- 음이온 계면활성제와 병용이 음이온 계면활성제의 자극성이 억제되는 효과가 있다.

② 베타인형(betaine)

제재: 이미다졸린 형태의 양성 계면활성제는 유아용 샴푸로 많이 이용된다. 알킬 베타인, 아킬아마이드 베타인, 아미다졸륨 베타인 등이다.

효과 및 작용

- 피부와 눈에 대한 자극과 독성이 거의 없다.
- 세정력, 기포력, 살균력이 적당하다.

∘ 음이온 계면활성제와 혼용할 수 있어 세정 후 모발의 윤기와 유연성을
  좋게 한다.
∘ 대전방지 효과나 방취 효과가 있어 린스제 및 트리트먼트제로도 사용한다.

(3) 비이온 계면활성제(nonionic surface active agent)

음이온 계면활성제의 보조적인 역할을 하는 기포세정제로서 물에 녹아도
이온화되지 않는 활성제이다. 고급알코올이나 친수성인 에틸렌 옥사이드
(ehtlene oxide)를 결합시켜 제제로 사용한다. 에틸렌 옥사이드의 결합 양에
따라 친유성에서 친수성까지 여러 종류의 계면활성제를 만들 수 있다.

① 지방산(alkanolamide)

제재: 고급알코올과 지방산, 에스터화에 의해서도 비이온 계면활성제를
얻을 수 있다. 유화력이 좋아 헤어크림이나 트리트먼트제 같은 크림의 유화
제로 일반적으로 사용되고 있다.

∘ 모노에탄올아마이드(monoethanolamide), 에탄올아마이드(dietthanolamide)
  등이 있다.

효과 및 작용: 단독 샴푸제로는 사용하지 않으며 유화제, 침투제, 습윤제,
가용화제로서 다용도로 사용되며, 환자용의 모발클렌징이나 얼굴클렌징 크
림 또는 유액과 비슷한 처방에 의해 사용된다.

∘ 기포 안정성이 양호하다.
∘ 샴푸제의 증점과 저온에서 안정성이 있다.
∘ 세정, 유화, 분산, 습윤 등의 효과가 크다.

2) 거품 촉진제(Foam booster)

계면활성제에 의해 생성되는 거품은 피지나 오일상(oily)에서 약하게 형성
됨으로 이를 보완하기 위해 사용되는 거품활성제인 지방산 알카놀아마이드
(fatty acid alkanolamides)와 베타인과 아민산화물(betaines and amine oxides)
의 두 가지 유형이 있다.

(1) 지방산 알카놀아마이드(fatty acid alkanolamides)

비이온화 계면활성제로서 지방산에 반응하거나 또는 1차적으로 지방에스터(fatty ester)나 2차적으로 알카놀아민의 반응으로 생성된다.

○ 이는 3종류로서 샴푸용 거품 촉진제의 80%를 차지한다.

- 라울아마이드 다이에탄올아민(lauramide diethnolamine), 코카마이드 다이에탄올아민(cocamide diesthamine), 코카아마이드 모노에탄올아민(cocamide monoethanolamine) 등이 있다.

(2) 베타인과 아민산화물(betaines and amine oxides)

샴푸제에 가용되는 거품 촉진제로는 5종류로서 양이온 성질을 갖는다.

- 코카마이도 프로필 베타민(cocamidopropyl betaine), 코카마이도 프로필 하이드록시설타인(cocamidopropyl hydroxysultaine), 라울아민 산화물(lauramine oxide), 코카마이드 산화물(cocamide oxide), 다이하드록시 에틸 $C_{12} \sim C_{15}$ 알콕실프로필 아민산화물(dihydroxyethyl $C_{12} \sim C_{15}$ alkoxypropylamine oxide)등이 있다.

3) 샴푸 컨디셔닝제(Conditioning agents of shampoo)

(1) 4급 암모늄 화합물(quaternary ammonium compounds)

양이온 계면활성제와 하나 또는 그 이상의 알킬사슬과 4급 질소(quaternized nitrogen)의 첨가로서 모발 컨디셔너와 린스에 폭넓게 사용된다. 모발 촉감을 부드럽고 매끄럽게 함으로써 빗질이 용이하며, 정전기 발생을 억제시키는 역할을 한다.

(2) 4급 중합체(quaternized polymers)

양이온 중합체는 중합체 중심축에 붙어 있는 4급 질소를 가진 기로서 샴푸에 배합된 컨디셔닝제로 사용된다. 음이온 계면활성제와 복합체를 형성시켜 모발에서 희석과 헹구는 물을 침전시킬 수 있는 것으로서 모발을 부드럽게 하고 빗질을 용이하게 하나 정전기와 모발의 부스스함을 억제시키지는 못한다.

(3) 실리콘(silicones)

최근 샴푸 컨디셔닝제로 실리콘 화합물 사용은 증가일로에 있다. 특히 실리콘검(silicone gum) 역시 자연상태에서 고무 같은 고분자량의 혼합된 다이메틸콘 물질이다.

제재: 실리콘화합물, 다이메틸콘(dimethicone), 다이메틸콘 코폴리올(dimethicone copolyol), 실리콘검(silicone gum) 등이 있다.

효과 및 작용: 계면활성제의 복합적 현탁과 실리콘으로서의 샴푸가 갖는 거품작용이 있다.

- 세정에 효과를 줄 수 있는 실리콘의 점성이 있다.
- 실리콘으로서 가는 거품을 낸다.
- 세정에 효과를 줄 수 있는 실리콘의 점성 고무질 등을 개선시킨다.

(4) 그 외 컨디셔닝제

다수의 물질들이 샴푸의 컨디셔닝제로 사용되나 그 외 지방알코올(fatty esters), 스테롤(sterols), 지방산(fatty acid), 라놀린(lanoline), 지방에스터(fatty esters), 단백질 유도물, 특정 양성적 계면활성제들도 포함한다.

피부의 수분과 지질

불용성 물질은 피부에서 분비되는 수분과 피지가 혼합됨으로써 천연 유화제인 피지막을 형성한다. 피지막은 피부를 매끄럽게 하며 외부로부터 이물질을 막는 기능을 한다.

인체 피부의 수분함량은 10~20%이다. 10% 미만일 때 건성피부가 된다. 수분은 각질층에서 수용성 물질과 불용성 물질에 의해 유지된다. 수용성 물질 천연 보습인자에 의해 보습성이 유지된다.

화학흡착에 따른 효과

모발 케라틴은 폴리펩타이드 연쇄 고분자 집합체이다. 화학적으로 같은 계열물질과 그 유도체와는 강한 친화성이 있다. 콜라겐을 가수분해하여 얻어지는 폴리펩타이드는 pH 6~7에서 흡착량이 최대가 된다.

tip 컨디셔닝제로서 요구되는 기능
- 첨가제는 모발과 친화력이 있어야 한다.
- 모발이 푸석거리지 않고 빗질이 좋아야 한다.
- 촉촉하며, 마무리가 좋을 것
- 광택을 줄 수 있어야 한다.
- 반복 사용 시 끈끈하게 붙지 않아야 한다.

tip 천연보습인자(nature moisture fact, NMF) 구성성분(%)
- 아미노산(40.4%)
- P. C. A(12%)
- 유산염(12%)
- 요소(7%)
- 암모니아, 요산,
- 크레아틴(1.5%)
- 구연산염(0.5%)
- Na(5), K(5), Ca(1.5), Mg(1.5), PO₄(0.5), 1(5)/(18.5), 기타(8.5%)

모발 폴리펩타이드 흡착효과

바이타민 B 복합체인 판테놀은 모발 내부에 침투하여, 즉 모표피막을 형성시켜 탄력을 준다. 인지질 피부에 존재하는 레시틴은 난황과 대두의 유도체로서 모발흡착 시 보습성과 유연효과를 나타낸다.

물리적 흡착효과

유성성분은 샴푸의 기포를 저하시키지 않고 안정하게 유화, 가용화되어야 한다. 특히 유성성분과 보습제는 흡착효과가 크다.

유성성분은 샴푸의 탈지력을 억제하고 유분을 모발표면에 보급하여 피지막을 만든다.

피지막은 모발의 수분증발을 막아주고 촉촉함과 보들보들함을 유지하며, 빗질할 때 기계적 마찰에 대한 보호작용으로서 자연적인 광택을 준다.

이온 흡착에 의한 효과

주로 양이온성 변성 셀룰로스 이써 유도체로서 하이드록시 에틸룰토오스를 4급화한 것이다. 보통의 샴푸 원료인 알킬 설폰 이써(alkyl sulphon ether), AS, 석유계로서 연성 타입(soft type)인 알킬 에스터 설폰산(alkyl ester sulphonic acid), AES와 배합시키면 기포력 증강과 함께 마무리감도 좋아진다.

양이온 계면활성제는 정전기 방지, 빗질이 수월하므로 촉촉함 등의 장점이 있다. 이런 이유로 샴푸에 양이온 계면활성제를 첨가할 때 비이온 계면활성제가 조합된다. 즉 복합염 생성에 따른 기포력 저하와 양이온성 상실에 의해 효력이 떨어지기 때문이다.

조합을 양이온 계면활성제와 복합체를 형성시키는 폴리비닐피로리돈, 폴리아크릴산 셀룰로스 유도체인 4급 암모늄 등이 첨가된다. 손상모에 많은 양이 부착됨으로써 수분보호능력, 빗질, 정전기방지에 효과적이다.

tip 각종 유성성분이 갖는 모발에 대한 흡착량 (nog)

알파올레핀올리고머(18)
• 유동파라핀(13)
• 스쿠알렌(14)
• 세틸알코올(20)
• 라놀린(18)
• 밀납(23)
• 팔미틴산(20)
• 스테아린산(19)
• 트라이팔미틴(19)

아이소프로필리미리스틴산(26)

4) 농축제(Thickening agents)

샴푸제에 알맞은 접착성(viscosity)을 만들어주기 위해서는 제품 생산과정에서 농축제가 사용된다.

셀룰로스 유도체는 대부분 샴푸성분과 융화하는 수용성 중합체이다.

샴푸성분에서 농축제로 주로 사용되는 물질

메틸 셀룰로스(methyl cellulose), 하이드록실 메틸 셀룰로스 하이드록실프로필 메틸 셀룰로스는 점도에 있어서 소비자 지각에 차이를 준다.

양질의 고급농축제로 사용되는 물질

카보머(carbomers)와 아크릴산(acrylate) 중합체 등이 있다.

5) 방부제(Preservatoves)

제품의 손상을 야기하거나 소비자의 건강에 위협을 줄 수 있는 미생물의 작용으로부터 안전을 지키기 위해 요구되는 것이 방부제이다.

샴푸제가 미생물에 오염되면 혼탁, 분리, 침전, 변색, 악취, 변질, 분해 등이 일어나며, 미생물에 의한 변질은 상품의 성분과 수분함량에 따라 서로 다르나, 수분이 많을수록 O/W형이 W/O형의 유화제보다 변질되기 쉽다.

방부제 분류 및 허용량

적절한 보존제의 선택에서 특정한 샴푸형식을 갖추기 위해서는 효과성, 안전성, 적합 양립성 등이 반드시 갖추어져야 한다.

tip 무기염과 유기염 (Inorganic and organic salts)

○ 음이온 샴푸제는 많은 수의 무기염과 유기염에 효과적이다. 음이온 계면활성제에서 나트륨과 암모늄 염화물(ammonium chlorides)은 전해질(electrolytes)의 농축작용에서 계면활성제 교질입자의 팽창과 운동 저항력을 증가시킨다.

○ 암모늄 염화물은 가장 효과적인 농축제이다. 암모니아(NH₃) 냄새 발생을 방지하기 위해 pH 7에서 제조한다.

○ 나트륨 염화물(sodium chlorides)의 점성작용은 샴푸제 내에서 민감한 변인을 갖는다. pH 자체 범주는 넓으며 온도변화와 농도가 변인의 요소가 된다.

tip 방부제

방부제는 주로 사용되는 메틸과 프로필 파라수산 벤조살(propyl para-hydroxy benzoates)로 단독 또는 이미다졸리다이닐 유레아(imidazolidinyl urea), 메틸아이소티아졸린오네(methylisothiazolinone), 메틸올다이에틸 하이단토닌(methyloldiethy hydantonin(DMDMH)), 메틸클로로아이소티아졸린오네(methychloroisothiazolinone), N-(3-chloroallyl), hexaminium chloride (Quaternium15)이다.

방부제 분류 및 허용량

분류	명칭	허용량(g)
산류	안식향산염류	1.0
	살리실산염료	1.0
	솔빈산 및 염류	0.5
	붕산	0.5
	실리실산	0.2
	안식향산	0.2
페놀류	파라클로로메타크레졸	0.5
	페놀	0.1
	레조신	0.1
아마이드류	트라이클로르카비닐	0.3
4급 암모늄 화합물	염화벤젠코움	0.05
양성 계면활성제	라우로일-N-메틸글리신	0.5
기타	글루콘산클로로렉시딘	
	염화리소짐	
	클로로부탄올	0.05
	에탄올	
	과산화수소	

6) 그 외 첨가물(Other additives)

샴푸제의 좋고 나쁨은 첨가제에 좌우한다. 샴푸의 목적이 단순하게 두개 피의 더러움만을 제거하는 것이 아니라, 손질(manipulation)에 의한 두개피부의 혈행촉진과 모발의 건강을 보완해주기 위한 모발관리(hair care)의 수단으로서 세정제와 첨가제를 보완시킨다.

(1) 기포증진제

기포증진과 안정은 알카놀아마이드와 아민옥사이드가 대표적인 물질이다.

알카놀아마이드: 음이온 계면활성제의 기포형성과 기포막의 강도를 현저히 증강시킨다.

고급알코올과 같은 물에 불용의 유분: 계면활성제의 미셀 내에 들어가 표면 점성을 증강시켜 기포를 강하게 한다.

수용성 고분자: 기포표면에 강한 흡착막을 만들므로 기포증진과 함께 점증효과가 있다.

(2) 점착제

무기 전해질: 염화나트륨, 황산나트륨 등의 중성염류는 점성을 증가시킨

다. 어느 정도 양까지는 점도가 증가하지만 그 이상 가하면 반대로 저하된다. 용액 중에 소수성 분산물질이 공존할 경우 염류 첨가에 의해 분산입자가 응집되어 균일성이 깨질 수 있어 주의를 요한다.

수용성 고분자 물질: 온도 의존성으로서 상온에서는 안정하나 한냉 유동성이 없어지고 응고될 수도 있으며, 고온에서는 저하, 분리 등의 현상이 일어날 수 있다.

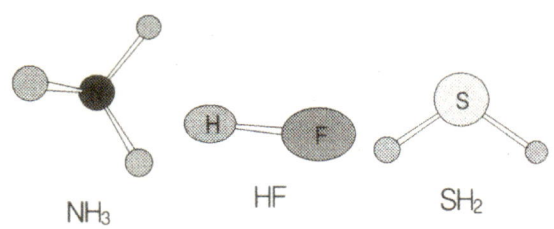

$$NH_3 \qquad HF \qquad SH_2$$

* 샴푸제 첨가물의 용도
가장 바람직한 미용특성을 갖기 위한 샴푸제는 다른 첨가물을 필요로 한다. 이 첨가물들은 색, 불투명성 또는 광택제를 포함함으로써 외관과 향기를 향상시켜 제품의 정서적 호소에 영향을 주고자 한다. 경수에서의 효과를 방해하는 격리제 또는 제품의 더나은 투명함과 용해화를 촉진하는 조직 용매나 유기적용제 등이 있다. 이러할 때 샴푸제의 좋고 나쁨은 첨가제(添加劑)에 좌우한다. 샴푸의 목적이 단순하게 두개피의 더러움만을 제거하는 것이 아니라 손질(manipulation)에 의한 두개피부의 혈행촉진과 모발의 건강을 보완해주기 위한 모발관리(hair care)의 수단으로서 세정제와 첨가제를 보완시킨다.

* 주성분 이외 샴푸에 배합되는 유분성분
라놀린유도체, 유동파라핀, 고급지방산, 고급알코올, 에스터유, 실리콘유 등이 있다. 컨디셔닝제로서는 양이온화 셀룰로스 등 양이온성 고분자가 사용되며 샴푸 액을 희석하면 양이온성 고분자와 계면활성제의 복합염이 석출하여 모발에 부착된다. 이때 세발이나 헹굼 시 빗질을 매끄럽게 하여 모발손상 방지에 효과를 준다.
이외 글리세린 등의 보습제, 증점제로는 고분자 화합물류, 점도조정제, 유탁제 등이 있다. 색소 또는 안정제에는 금속이온 봉쇄제, 자외선 흡수제, 방부제, pH 조정제가 목적에 따라 첨가된다. 비듬, 가려움증을 목적으로 하는 약제로는 티클로로카바닐라이드(thichlorocarbanilide), SO2, 살리실산, 징크피리피온(zpt), 아이소프로필 메틸페놀(isopropyl methyphenol) 등이 첨가된다.

유분

기포표면에 강한 흡착막을 만들므로 기포증진과 함께 점증효과가 있다. 고급알코올과 지방산 같은 난용성의 유분은 샴푸가 갖는 액상에 난용화되어 액의 점성농도를 증가시킴으로써 적은 효과와 불안정상을 갖는다. 유지류를 과다 배합 시 거품이 잘 일지 않고 세정력은 저하된다.

(3) 향수성 물질(hydrotrop)

한냉지에서는 동결하거나 결정상의 석출물이 생성될 수 있다. 이를 방지하는 물질은 다음과 같다.

저급알코올: 에틸알코올, 아이소프로필알코올, 부틸알코올 등이 있다.

글리콜류: 프로필렌글리콜, 헥실렌글리콜, 글리콜이써 등이 있다.

다가알코올: 글리세린이 있다.

비이온성 가용화제: 폴리옥시에틸렌 솔비탈모노가우레이트, 폴리에틸렌글리콜에스터, 폴리에틸렌글리콜이써 등이 있다.

설폰산염: 벤젠설폰산소듐, 자일린/설폰산소듐 등이 있다.

(4) 보습제

정상모발은 10~15% 수분을 보유함으로써 촉촉하고 부드럽다. 그러나 보유수분이 감소하면 딱딱한 촉감을 갖는다. 세정에 따른 모발의 건조를 막기 위해 보습제로서 모이스처라이저(moisturizer)가 첨가된다.

(5) 특수첨가제

모발보호제의 역할로서 아미노산인 메티오닌, 타이로신 등과 판테놀(vit B5) 등 두개피부 건강유지에 효과 있는 물질은 물론 비듬방지제, 가려움 방지 등이 배합된다.

 tip 보습물질

◦ 글리세린, 프로필렌글리콜 (propylene glycol, PG), 저분자 폴리펩타이드 등이 있다.
◦ 천연보습인자의 소실은 건조성 모발화가 된다.
◦ 보습제 유·무는 샴푸제의 양질을 결정짓는 요소가 된다.

● 요약

1. 계면활성제의 종류로는 수용성, 샴푸제 배합물로서 클린징제, 거품촉진제, 샴푸컨디셔닝제, 농축제, 방부제, 그 외 첨가물 등으로 구성된다.

2. 수용성 계면활성제는 이온성 계면활성제와 보조 계면활성제로 대별되며, 이온성 계면활성제는 음이온, 양이온, 양쪽성, 비이온성 계면활성제가 포함된다.

3. 샴푸제 배합물에는 클린징제로서 음이온, 양쪽성 계면활성제, 비이온 계면활성제 등이 있으며, 거품 촉진제는 지방산 알카놀아마이드와 베타인과 아민산화물의 두 유형이 있으며, 샴푸컨디셔닝제는 4급 암모늄 화합물, 4급 중합체, 실리콘, 그 외 컨디셔닝제를 포함한다.

4. 샴푸제에는 알맞은 접착성을 만들어주기 위해 제품 생산과정에서 농축제가 사용된다. 방부제는 미생물에 오염되면 혼탁, 분리, 침전, 변색, 악취, 변질, 분해 등 변질되기 쉬운 작용으로부터 안전을 지키기 위해 첨가되며, 그 외 첨가물로서 기포증진제, 점착제, 향수성 물질, 보습제, 특수첨가제 등이 있다.

● 연습 및 탐구문제

1. 계면활성제의 종류를 분류하여 설명하시오.
2. 수용성 계면활성제를 분류하여 설명하시오.
3. 샴푸제 배합물인 클린징제로서 음이온 계면활성제를 설명하시오.
4. 거품촉진제인 지방산 알카놀아마이드와 베타인 제재를 분류하여 설명하시오.
5. 샴푸컨디셔닝제인 4급 암모늄 화합물과 4급 중합체를 구분하여 설명하시오.
6. 피부의 수분과 지질에서 천연보습인자(NMF)와 피지의 성분을 설명하시오.
7. 농축제 및 방부제를 첨가하는 샴푸 유형을 설명하시오.

Chapter 4

두개피 세정이론

● 개요

두개피 세정이론은 두개피 이물질과 세정, 세정 미학으로 구성된다. 두개피 이물질은 피지성분, 피지 분비량, 모발 바디감을 관장하며, 세정에는 세정제의 역사와 세정이론인 애덤스의 roll-up 기법을 통해 샴푸공학을 증명하며, 세정제로서는 비누, 합성세제 등을 통해 샴푸제의 종류, 형태, 용도 등의 다양한 제품생산을 살펴보며, 세정제 유형은 클렌징샴푸, 컨디셔닝샴푸, 특수샴푸, 드라이샴푸, 아기용 샴푸 등이 포함된다. 세정 미학은 세정 후 모발의 외관적 광택이나 질감 등을 나타냄을 살펴본다.

● 학습목표

1. 두개피 이물질인 피지의 성분과 분비량, 모발 바디감 등을 설명할 수 있다.
2. 세정과 세정제의 역사에 대해 말할 수 있다.
3. 세정이론으로서 애덤스의 roll-up 기법과 공식에 대해 논할 수 있다.
4. 세정제로서 비누와 합성세제를 구분하여 설명할 수 있다.
5. 세정제의 유형으로서 샴푸의 종류를 구분하여 설명할 수 있다.
6. 세정 미학에서 세정제와 효과, 피부장애에 대해 설명할 수 있다.

● 주요용어

때, 세정, 피지, 모발 바디감, 애덤스, roll-up, 키사, 비누, 합성세제, 샴푸

Chapter 4.

두개피 세정이론
(Detergency theory of scalp)

1. 두개피 이물질(Scalp foreign subject)

두개피에서의 이물질은 두개피부 또는 두개피부 부속기에서 생성되는 생리물질과 환경물질로 구분된다. 이러한 이물질들이 두개피 내에 부착되어 오염됨으로써 외관이나 냄새 등에 영향을 미친다. 특히 발생학적 이물질인 때(soil)는 두개피부 생리작용에 의한 각질과 퇴화기 모낭인 내모근초(inner root sheath)의 탈락에서 비롯되는 비듬(dandruff), 모발 지질(hair lipid) 등을 들 수 있다.

> *** 세정**
>
> **샴푸(shampoo)**
> 세발(洗髮), 모발 클렌징과 동의어로 사용된다.
> 모발의 오염물질을 제거하는 샴푸기전은 세제가 섬유에서 오염물을 제거하는 것과 기본적으로 동일하다.
> **일반적 의미에서 세정**
> 계면활성제가 관여하는 세정기능을 말하나 모발기질과 오염물질의 종류가 각양각색으로서 그 성질 또한 다른 복잡함을 제거시키는 작업이다.
> 두개피 내의 피지와 이물질 등은 물에 용해되는 수용성과 용해되지 않는 지용성이 있다. 특히 생체 내에서 분비 배출되는 노폐 각질과 외부로부터의 유지류, 진애 등을 제거하기 위해서는 때와 물을 결합시킬 필요가 있다. 이러한 중간 매개체 역할을 하는 것이 계면활성제이다.
> **세정의 역할**
> 의료용, 주방용 및 샴푸와 같은 계면활성제의 물리, 화학적인 작용에 의한 오염제거 외에도 산·염기와 같은 중화작용 용제와 같은 작용, 연마작용, 산화·환원에 의한 세정 등 다양하다.

1) 피지성분(Sebum component)
두개피 내 모낭에 있는 피지선은 약 1㎠당 900개로서 24시간 분비가 계속되면서 약 1.5~2mg/㎠ 정도 이는 끈적이는 오일(viscous oil) 성분으로서 부드럽고 연한 밀랍의 고체(waxy solid)상이다.

 때

생리물질은 피부 기저층에서 증식, 분화, 탈락되는 각질층의 각질과 피지 분비물, 땀 분비물 등을 나타낸다. 환경물질은 공기 중의 병원성, 비병원성 물질인 세균, 진균 등의 상주균과 대기에는 매연, 먼지, 자외선 등이 나타낸다. 또한 수용성 및 지용성의 화장품이 갖는 환경오염 물질 등을 나타낸다.

(1) 피지 구성물

피지에 존재하는 트라이글리세라이드, 유리지방산, 왁스 및 콜레스테롤에스터, 스쿠알렌, 프리콜레스테롤, 파라핀 등 구성 물질들의 상대적인 양은 개개인에 따라 다양하다.

트라이글리세라이드(triglycerides): 피지성분의 35% 차지하는 중성지질 (中性脂質, neutral lipid)이라고도 한다. 스테아르산, 팔미트산과 같은 포화지방산을 많이 포함하여 상온에서 고체인 것이 많다.

유리지방산(free fatty acids): 인체 피지성분의 20% 차지하는 유리지방산은 카복실기(carboxylic group)를 1개 가진 사슬화합물이다. 식물섬유에 많이 포함된 포화지방산(saturated fatt acid)과 탄소사슬계 2중 결합을 1개 또는 2개 이상 갖는 불포화지방산이 있다.

왁스 및 콜레스테롤에스터(wax and choleterol esters)는 피지성분의 19%를 차지한다.

왁스: 지방과 비슷하여 물에 녹지 않으며, 알코올, 클로로포름 등에 녹는다. 이는 지방보다 안정된 화합물로서 가수분해가 쉽지 않으며 동·식물 물체 표면에 존재하여 개체의 습윤, 건조 등을 막고 체온 보존의 역할을 한다.

콜레스테롤에스터: 가장 대표적인 스테롤의 일종으로서 콜레스테린이라고도 하며 동물세포의 일반적 성분으로서 생체 내에서 생산되며 물, 알칼리, 산에 녹지 않고 유기용매에 용해된다.

스쿠알렌(squalene): 무색기름 성분으로 피지성분의 11%를 차지하며 사슬모양으로 스피나센(spinacene)이라고도 하며 사슬모양 구조이다. 수소(H)를 첨가하면 포화되어 스쿠알렌(squalene)을 생성한다.

스쿠알렌($C_{30}H_{50}$)

프리콜레스테롤(free cholesterol): 피지성분의 9%를 차지한다.

파라핀(paraffins): 피지성분의 6%를 차지하며 지랍이라고 한다.

tip 유리지방산 성질

○ 일반적으로 무색 또는 엷은 황색의 액체 또는 개체(個體)로 저급지방산(짧은 사슬지방산(9개 이하))은 자극이 있는 냄새와 신맛을 가지고 물에 녹는다.
○ 탄소수의 증대에 따른 긴 사슬지방산인 고급지방산은 물에 녹지 않고 알코올, 이써 등의 유기용매에 잘 녹는다.
○ 포화지방산은 불포화지방산의 비율과 함께 감소하고 콜레스테롤에스터의 양과 함께 감소한다.

(2) 모발구성 피지성분

모발 내부 1~9% 차지하는 피지성분은 두개표면 피지성분과 유사하나 그 기원은 정확히 확인되어 있지 않다.

tip 피지의 성분(%)

◦ 아미스쿠알렌(10.9)
◦ 왁스에스터(22.6)
◦ 콜레스테롤(1.4)
◦ 콜레스테롤에스터(2.5)
◦ 트라이글리세라이드(19.5)
◦ 다이글리세라이드(7.7)
◦ 모노 글리세라이드(-)
◦ 유리지방산(30.7)
◦ 파라핀(0.6)

2) 피지 분비량(Amount of producted sebum)

음식섭취, 환경상태, 나이, 성별, 피지 생성에 따른 방출능력 등의 요인으로서 다양할 수밖에 없다. 모낭의 피지선에서 분비되는 피지는 나이에 따라 분비량이 달라진다. 이러한 피지 분비량의 변화는 모발세정기전과 세정제에 대한 세정공학과 다양한 제품의 생산을 유도시킨다.

피지 분비량은 유전학적, 계절변화, 햇빛 또는 모발길이, 블로우 드라이어 스타일링 횟수 등을 포함시킨다.

내적요인: 분비되는 피지량은 나이와 성별에 영향을 받는다. 아동기에서 성인기까지는 증가한다. 나이 의존성인 안드로겐·에스트로겐 호르몬의 영향과 관계가 있다. 평균 남성은 70세, 여성은 52세 과도기를 갖는다.

외적요인: 피지 분비물이 축적되면 왁스타입(wax material)으로서 노화피지(aged sebum)가 된다. 점착성을 가진 피지는 세정기전에서 음의 값을 주므로 roll-up 시 계면장력을 떨어뜨린다.

3) 모발 바디감(Hail texture)

모발 자체의 과다한 피지는 그 자체가 외양으로 명백하게 드러난다. 피지 자체의 점성과 탄성은 모발섬유 간의 응집결과로서 모량을 압축시킴과 동시에 모질감의 탄성을 감소함으로써 빛의 분산을 억제하게 한다.

① 모발 미학(hair aesthetics)

피지 점도(oiliness): 피지의 점도가 실체의 질감을 시각적으로 인식시켜줌으로써 점도는 왁스 및 콜레스테롤에스터 양의 분석과 관련된다. 유리지방산에서의 함유량 차이가 지성모발(oily hair)과 건성모발(dry hair)을 분류시킨다.

인종별 관련 피지 점도: 피지성분 중 왁스에스터(wax cstcrs)의 모노글리세라이드 %가 많을수록 점도의 느낌이 강하다.

② 모발형태(hair shape)

가는 모발(fine hair)은 굵은 모발(coarse hair)보다 피지량이 증가됨에 따라 쉽게 영향을 받는다. 즉, 끈적임을 주지 않는 적당량의 피지는 모발을 들뜨게(flaff) 하지 않아 가지런히 윤기 나게 한다.

곱슬 모발(curly hair): 정상적인 모발보다 피지량에 대해 적응력의 폭이 넓다.

코카시아인(caucasian): 갈색 직모는 모발 1g당 0.5mg 정도의 피지 분비량에서도 기름져 보이게 한다.

심한 곱슬 모발(excessively curly hair): 아프리카계 미국인(African-American)의 경우 피지선의 분지량이 적어 코카시아인보다 2배의 피지량일 때 같은 정도의 점도를 나타낸다.

2. 세정(Detergency)

세정 표면은 유리, 금속, 플라스틱, 세라믹과 같은 경질 표면이거나 양모, 면, 합성섬유와 같은 섬유상 또는 피부, 모발, 치아와 같은 신체의 일부를 들수 있다. 이러할 때 세정은 표면에서의 흡착, 계면장력의 변화, 가용화, 유화, 그리고 표면 전하의 형성과 방출 등 복합적인 과정에 의해 이루어진다.

1) 세정제 역사(Detergency history)

비누는 아직도 경우에 따라 선택하여 사용되나, 합성 계면활성제는 현대에 있어서도 샴푸의 가장 중요한 클렌징제로서 사용된다.

최근 샴푸의 기재인 계면활성제 변천을 살펴보면 샴푸의 형태와 기능의 다양성이 함께 발전하고 있다. 1960년대를 기점으로 샴푸의 기재가 비누에서 합성세제 쪽으로 바뀌었으며, 1970년대 이후 액상샴푸 보급에 따른 수요가 급증했다.

① 1930년대 세발제
해태(김)와 계란흰자, 백토(bentonite) 등이 사용되었다.

② 1960년대 이전 비누 혼합 샴푸제

분말상 지방산 비누에 백토 등의 천연 규산, 알루미늄을 혼합한 샴푸제가 사용되었다.

③ 1960년 이후 합성세제 개발

고급알코올을 원료 알킬 황산염인(sodium laurtl sulfate) 샴푸가 등장하였다.

④ 1970년대 액상 타입 샴푸제

two-in-one 형태의 컨디셔닝샴푸, 약체샴푸 제조에 따른 기재로서 알킬이 써(alkyl ether), 황산염(sodium lauryl ethoxy lated sulfate, SLES) 및 알킬황산염(SLS, AS)이 넓게 사용되었다.

이때 허브향(herbal frgranced) 샴푸제가 개발되었다.

⑤ 1980년대 베이비 샴푸제 개발, 피부에 저자극성으로서 양성 계면활성제를 사용하였다.

⑥ 1990년대 친환경 정서로 식물을 기초로 한 허브에센스 샴푸제를 제조하였다.

⑦ 현재는 원료의 다양화와 함께 양성 계면활성제를 첨가시킨 비듬 방지, 모발색상 정착 등의 효과를 지닌 특수샴푸제가 개발되고 있다. 세정력과 기포력이 좋으며 비교적 싼 가격으로서 구할 수 있는 SLES, SLS계이다. 보조 계면활성제로서 알카놀아마드류로 대표하는 비이온 계면활성제를 배합한 주 기제이다.

2) 세정이론(Detergency theory)

세정은 오염의 제거로서 대개 유기물질로 구성된 유성오염이나 복합오염 상태로부터 제거됨을 의미한다.
◦ 천연섬유인 모발은 대체적으로 친수성으로 세정과정은 온도와 지속성인 내구성, 물리상의 진동단계 등을 통하여 더러움(때, soil)의 제거를 의미한다.

피부, 음식, 공기 등 많은 오염원인인 물질은 크고 작은 입자로서 극성을 띠거나, 비극성으로서 불활성일 수 있다. 세정기전에 대한 것은 대체적으로 모발에서의 피지에 관한 논의로서 애덤스(Adams)와 키사(Kissa)에 의한 유성오염의 세정기전이 대표적인 이론이다.

(1) 애덤스 세정이론

유기물질에 의한 오염물의 제거과정은 여러 가지 반응기구가 포함되어 있으나, 모발세정에 대한 액체 유성오염은 애덤스에 의해 말아 올리기 기법(roll-up-techniques)으로 설명된다.

① 말아 올리기 기법

roll-up을 통해 다양한 표면장력(interfacial) 간의 상호작용을 갖는다.

초기흡수 단계

다양한 표면장력(interfacial tension) 간의 상호작용을 갖는다.

◦ 기름과 물이 모발 사이에서의 접촉면에 세제가 계면흡착 활성을 통해 모발표면을 젖게 함으로써 침투된다.
◦ 유성오염의 세정은 물에 의한 모발표면의 선택적 습윤이 형성된다.
◦ 세제가 물의 표면장력을 낮춤으로써 모발표면에 있는 물의 계면장력을 감소시킨다.

접촉각도 단계

모발표면에 접촉하고 있는 접촉각도 0°~90°까지 그리고 180° 각도로 서서히 모발로부터 분리시킨다. 180° 접촉각도는 모발로부터 이물질이 자동적으로 분리되나 충분한 작업과정은 아니다.

> 피지에 대한 접촉각도는 피지가 신선하고 유동적일 때 또는 모발표면이 좀 더 친수성이 될 때 반응은 뛰어나다. 심한 탈색모는 손상모로서 다공성이 커 친수성이 극대화된 상태이다.

물리적 조력단계

유성 오염물질의 완전한 roll-up을 위해 마사지 기법에 따른 매니플레이션 기법이 병용된다.

tip 오염물질의 종류

이물질인 오염물은 액체 또는 고체로서, 실제 이 두 가지가 복합적으로 존재한다.
- 기름과 같은 액체 오염물
- 입자오염물
- 액체와 고체 성분으로 된 복합오염물 등 이다.

② 말아올리기 공식

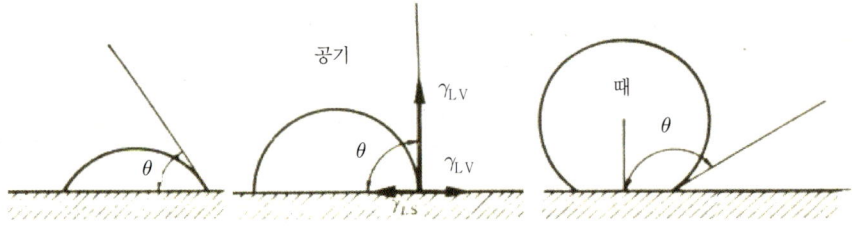

삼푸 공학의 말아 올리기 기전

말아 올리기 기법은 유성(기름) 때의 제거에 효과적인 방법이다. 기름의 말아 올리기에 관련된 힘(F)은 동적 접촉각(θd)이 0°～180°로 변화될 때 계면장력이 형성된다. 힘의 작용이 미약한 음(positive)의 값은 말아 올리기 작용에 미치지 못해 오염물의 제거가 제대로 이행되지 못한다.

동적 접촉각(θd)은 모발 오염물과 모발 간의 접촉각도로서 오염물에 지속적인 말아 올리기를 위해 가해자는 힘(F)의 작용은 항상 양(positive)의 값을 가져야 한다.

$$F = Yfw + Yow \cos \theta d$$

기름과 물의 계면장력(Yow)이 보다 크면 F는
양의 값을 가진다.

$$Yfo - Yfw > Yow$$

기름과 물의 계면장력이 보다 적으면

$$Yfo - Yfw < Yow, \; F = O$$

θd = θ로 될 때까지 기름은 roll-up하며 θ는 평행 또는 준 안정된 접촉각을 얻는다.

$$Cos\theta = (Yfo - Yfw) / Yow$$

F = 어떤 순간에 오염물이 주어지는 순수한 힘
Yfo = 모발표면에 있는 기름의 계면장력
Yfw = 모발표면에 있는 물의 계면장력
Yow = 기름과 물의 계면장력
F > Yow은 양의 값을 나타냄
F < Yow은 음의 값을 나타냄
COS(수학기호)d = 움직임이 갖는 접촉각

(2) 키사 세정이론

비이온계 세제가 보통 우수한 세정작용을 하나 기포제로서의 기능은 떨어진다고 보았으며 거품발생이 세정 효능 면에서 필수적 요소는 아니지만, 심리작용에 제약받는 요소 중 하나임을 나타내었다.

공기와 물 계면에서의 흡착은 표면장력의 감소를 가져다준다. 유성 오염물의 세정은 연속적인 단계를 통해 이루어진다. 이때 유도시간은 짧을 수도 있으나 모발이 소수성 또는 물리적 작업이 원활하지 않을 때 세정력은 저하됨으로 고체와 물, 오염물과 물의 계면에서 흡착하는 세제가 가장 좋은 세제라 하였다.

∘ 물이나 세정용액이 오염물과 모발 계면으로 확산 유도되는 데 걸리는 시간이 있다.
∘ roll-up 기법에 의해 모발 계면으로부터 오염물 분리과정이 있다.
∘ 오염제거가 완만해지는 단계가 있다.

(3) 세정작용(detersive actions)

세제가 오염물을 유화, 분산시킬 때 세제의 오염물에로의 침투력에 관한 연구는 유화작용 결과로서 모발표면에서의 피지는 이온 성질인 극성화에 의해 형성된다. 세정작용의 기전은 오염물(soil)이 교질입자(micell) 구조에 의해 용해됨으로써 모발표면에서 떨어져나간다.

오염물의 가용화

오염물로부터의 미셀의 흡착(adsorption)과 확산(diffusion) → 오염물의 계면활성에 따른 미셀과 혼합 → 모발표면으로부터 기름을 포함한 미셀의 탈착(desorption)을 갖는다.

오염물 제거조건

교질입자 농축액인 한계미셀농도 이상으로서 세정액 속에 함유된 세제의 양이 희석 후에도 충분한 양을 포함하여야 한다.

오염물 재부착

오염물질에 세제분자가 흡착함으로써 발생되는 전하(charge)나 수화 장벽에 의해 오염의 재부착됨을 막을 수 있다.

세제첨가제

세제의 성능을 개선하기 위하여 일반적으로 규산염, 피로인산염, 트로이폴리인산염 등과 같은 빌더(builders)를 첨가함으로써 약알칼리 상태를 나타내어 세정작용을 돕는다.

> 빌더는 칼슘 또는 마그네슘에 대해 가용성 염의 형태, 봉쇄하는 응집 방지역할로 찌꺼기(scum)의 형성이나 재부착을 방지시킨다.

3) 세정제(Cleansing agent)

세제는 계면활성제 중에서 가장 중요한 위치를 차지하며 가장 대표적인 것이 비누로서 세정제라고 하는 것은 계면활성 분야이다. 특히 기포작용과 세정작용이 강하며 이 밖에 유화, 침투, 습윤 작용 등을 가지고 있다.

(1) 비누(soap)

> 염료를 첨가하여 착색비누를 만들고 의료용 비누에는 방부제를, 세탁용 비누에는 경석을 그리고 공기를 불어넣어 물에 뜨는 비누를 만든다. 이러한 후처리 및 가격에 관계없이 모든 비누는 기본적으로 동일하다.

화학적 의미에서 비누는 물에 불용성인 지방산과 알칼리금속 또는 유기염과 반응하여 유기산염을 생성시켜 수용성을 향상시킨 것이다. 정제되지 않은 비누에는 비누뿐만 아니라, 글리세롤(glycerol)과 과량의 알칼리가 들어있지만 정제는 과량의 물과 염화나트륨(NaCl) 또는 염화칼륨(KCl)을 가하여

tip 비누광고

1920년대
비누광고(프랑스)

끓임으로써 순수한 카보닐산(carboxylate) 염의 침전으로 얻을 수 있다. 침전물인 연성비누를 말리고 향료를 첨가하고 압착하면 가정용 비누가 된다.

$$\underset{\text{지방}}{\begin{array}{c} \quad\quad\;\; \overset{O}{\underset{\|}{}} \\ CH_2OCR \\ | \quad\; \overset{O}{\underset{\|}{}} \\ CHOCR \\ | \quad\; \overset{O}{\underset{\|}{}} \\ CH_2OCR \end{array}} \quad \xrightarrow[H_2O]{NaOH} \quad 3\ R\overset{O}{\underset{\|}{C}}O^-\ Na^+ \quad + \quad \underset{\text{Glycerol}}{\begin{array}{c} CH_2OH \\ | \\ CHOH \\ | \\ CH_2OH \end{array}}$$

(R=C11−C19 지방족 사슬)

비누의 기원

> 비누는 세정제로서 수세기 동안 사용되었다. 알칼리금속 비누 사용에 대한 최초의 기록은 기원전 600년경 페니키아인들의 무역 품목에 기록되어 있듯이 양(羊)의 지방과 나무재의 추출물을 함께 끓여 얻은 단단한 물질이 비누로 알려져 있다.

> 현대와 같은 비누는 9세기 프랑스 마르세유 지방을 비롯하여 14세기 유럽 각국에 비누가 제조되었으며, 이때 마르셀 비누의 어원이 생김을 알 수 있다.

◦ 비누 생산초기 단계에는 수용액의 성질이나 산 또는 알칼리 성질에 없는 염인 NaCl, K_2SO_4, NaNO_3 등의 중성염(中性鹽, neutral sat)을 얻기 위해 동물성 유지와 탄산칼륨을 함유하고 있는 목재 또는 다른 식물의 재를 사용하였다. 이 방법은 지방(fat), 재, 그리고 물을 함께 끓이면 지방은 비누화하여 유리지방이 됨으로써 식물유와 해초의 재를 원료로 한 양질의 비누가 생산되었다.

◦ 18세기 프랑스에서 비누의 대량 생산을 위해 알칼리제로 가성소다를 사용하였다. 1775년 니콜라스 루블랑(외과의사, 화학자)이 식염에서 탄산나트륨을 만드는 루블랑법과 함께 영국에서 가성소다를 대량 공급하였다. 공중위생에 따른 청결과 전염병 방지를 위한 학술적 입지를 마련하였다.

tip 비누 제조의 역사

비누 제조의 역사는 확실하지 않으나 약 5천 년 이전~3천 년 전으로 추정된다. 고대 메소포타미아의 바빌론 원주민인 수메르인이 만든 성형문자의 돌비석에 상세히 조각되어 비누제조에 대한 기록을 살펴볼 수 있다. 직포의 제고, 섬유의 정련, 세정 등에 유지와 나무 대를 정략적으로 혼합하여 끓이는 방법 등이 조각되어 있다.

◦ 20세기 제1차 세계대전 독일은 화학 공업력을 고급 알코올계 세제의 개발에 착수하였다. 오늘날 합성세제의 시작이다. 최근 비누는 합성세제 대체제에 의해 그 사용이 줄어들었다. 알킬황산염, 알킬아릴설폰, 비이온 폴리에틸렌옥사이드 등 비누 대체제로 널리 사용되었다.

비누의 역할

비누는 비누 분자의 양쪽 끝이 서로 다르기 때문에 세척제로 작용한다. 긴 사슬 분자의 끝부분의 음이온성(카보닐산)을 띠는 친수성으로서 물에 용해되려는 성질이 있다. 그러나 분자의 긴 탄화수소 사슬은 무극성이 소수성으로서 물을 피하고 지방에 용해되려는 성질이 있다. 이러한 서로 상반된 두 가지 경향성, 즉 지방과 물 양쪽 친화력에 세척제로서 가치를 나타낸다.

비누가 물에 분산되면 긴 탄화수소 꼬리(tail)는 함께 뭉쳐서 친지질성 구형을 만드는 동안에 뭉치(cluster) 표면에 있는 이온성 머리(head)는 물층 모형으로 나타낸다. 이러한 구형 뭉치를 미셀(micelle)이라 부르며 지방과 기름 방울은 미셀 중 안쪽에 비누분자의 무극성 꼬리에 의해 둘러싸일 때에 물에 녹는다. 일단 녹으면 지방과 더러운 때는 씻어진다.

비누는 생활에 많은 즐거움을 주지만, 몇 가지 결점을 가지고 있다. 금속이온이 포함되어 있는 센물에서는 용해성인 나트륨카보닐산(sodium carboxylate)이 불용성 마그네슘과 칼슘염으로 바뀌며, 새로 바뀐 염은 욕조 주변에 찌꺼기와 흰옷에 회색의 띠를 남긴다. 화학자들은 긴 사슬 알킬벤젠 설폰산(alkylbenzenesulfonic acid)의 염을 바탕으로 한 일종의 합성세탁제를 합성함으로써 이러한 문제들을 해결하였다.

합성세탁제의 원리는 비누의 원리와 동일하다. 분자의 알킬벤젠 끝은 친지질성으로 지방에 친화력이 있지만, 설폰염 끝은 이온성으로 물에 친화력이 있다. 비누와는 다르게 설폰염 세탁제는 센물에서 불용성 금속염을 만들지 않으며 보기 흉한 찌꺼기도 남기지 않는다.

(2) 합성세제(synthetic detergent)

합성 화학의 발달은 세제 면에서 큰 변혁을 주었으며 각종 계면활성제의 출현에 따른 샴푸제의 종류, 형태, 용도들에 따라서 다기능화된 다양성을 가진 제품들이 생산되었다.

tip **샴푸광고**

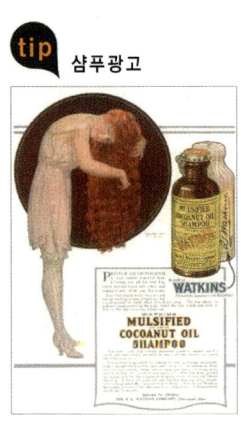

비누 이외의 계면활성제 또는 이것의 세정 보조제, 그 밖의 첨가제를 배합한 것을 말한다. 합성세제는 세탁용, 주방용 또는 주택가구 세정용 등 널리 이용되었다.

① 19세기

고급알코올의 황산화물이 포함된 합성 계면활성제가 개발되었다. 제2차 세계대전 후 합성 고급알코올의 제조에 성공함으로써 가격뿐 아니라 물질적으로도 개량과 진보가 더해졌다. 프로필(C_3H_7OH) 또는 부틸알코올(C_4H_9OH), 나프탈렌($C_{10}H_8OH$)을 반응시킨 후 설폰산화에 의해 짧은 사슬 설폰산화 알킬 나프탈렌을 생산하였다.

○ 1920년 말~1930년 초에 장쇄 알코올의 황산화가 이루어져 반응물질로서 나트륨염의 형태로 생산되었다.
○ 1930년대에는 알킬벤젠 설폰산나트륨이 포함된 합성세제가 개발되었다.

화학공업 시작으로서 합성세제의 개발이 계면화학에 진보를 가져다주었다. 벤젠을 방향족 구조의 출발물질로 장쇄의 알킬아릴 설폰산화물(alkylaryl sulfonates)이 1936년 미국에서 제조되었다. 알코올 황산화물(alcohol sulfates)과 알킬벤젠 설폰산화물이 세계로 사용되었으나, 전체 계면활성제 또는 세제시장에 큰 영향을 주지 못하였다. 계면화학제로서 침투제, 습윤제, 정착제 등 섬유조제제로서 기포제, 소포제, 유화제, 분산제, 살균제, 정전기 방지제 등 거의 모든 산업에 응용 발전시켰다.

○ 1940~1960년대 초 제2차 세계대전이 끝나갈 무렵 일반 세제로서 알킬아릴 설폰산화물이 알코올 황산화물보다 많이 사용되었다. 알코올 황산물은 샴푸 또는 다른 용도로 사용됨으로써 계면활성제와 세제 영역은 다양한 제품으로 생산되었다.

② 20세기

생활양식의 변천에 반하여 낮은 가격으로 대량 생산된 합성세제이다. **석유 분해가스 이용, 알킬벤제계 합성세제 보급이 공해문제를 야기**시킨다. 미생물에 의해 분해되기 어려운 성질인 생물학적 난분해성 물질(biologicalhard)의 하드형 알킬벤젠계(ABS) 합성세제를 생산시켰다.

공해가 적은 합성·고급 알코올 세정제가 개발된다.

종래의 알킬벤젠계를 개량한 소프트 타입인 연성세제(linear alkyl benzene sulfonate, LAS)인 직쇄형 알킬벤젠계 합성세제를 생산시켰다.

③ 21세기

공해가 더 적은 아미노산계 합성세제를 개발하였으나, 가격 면에서 고가인 것이 단점이다. 합성세제는 현대에 있어서 샴푸(shampoo)의 가장 중요한 클렌징제로서 사용된다. 불포화지방산에서 생성시킨 비누가 포화지방산에서 추출한 비누보다 더 부드럽다.

④ 비누의 기포성

지방산 알칼리 비누로서 음이온 계면활성제는 일반적으로 기포성이 큰 것이 많다.

라우르산 소듐염(C_{12})

야자유비누와 같이 탄소사슬이 짧은 지방산으로부터 얻은 비누. 저온에서도 거품이 잘 일어난다. 센물이나 염 종류에 의해 거품의 질은 나빠진다. 온도 상승에 의해 거품 안정성이 감소하는 경향이 있다.

미리스트산(C_{14})

상온에서 용해도가 낮아 기포력이 낮으나 고온에서 거품이 잘 있고 안정적이다.

스테아르산(C_{18})

용해성은 증가하지만 기포력은 현저히 감소하며 산성용액에서는 불용성 지방산 형태가 됨으로 그 기능을 잘 발휘하지 못한다. 나트륨, 마그네슘 이온이 존재하는 경수에서는 불용성 침전물이 더 많이 생긴다. 이때 탄산나트륨, 인산염 등과 같은 첨가제를 이용 불용성 침전물을 억제시킬 수 있다.

4) 세정제 유형(Shampoo agent types)

샴푸제들은 세발(shampooing) 뒤에 오는 모발의 감촉, 윤기, 강도 등의 물리적 성상을 좋게 하기 위하여 여러 가지 첨가제를 배합시킨다. 배합제의 종류에 따라 경모용, 연모용 또는 염색모, 손상모 등으로 나뉜다. 최근 음이온 계면활성제와 양립된 양이온 계면활성제, 또는 음이온성과 양성의 고분자 물에 배합하여 세발 후 모발의 바디감을 줄 수 있는 것 등이 있다.

샴푸제의 성상(shampoo products)은 투명하거나 불투명한 액체, 젤, 로션, 연고, 크림, 파우더, 에어로졸 등 특정 기능성에 따라 분류된다. 이러한 분류는 외관, 형상, 첨가제에 의한 용도, 기능에 의한 분류 등이 있다. 여기서는 기능별 분류를 유형별로 살펴보고자 한다.

(1) 클렌징샴푸(cleansing shampoo)

연수(soft water)와 경수(hard water)에서도 세척작용이 가능하며, 두개피를 깨끗이 하는 것이 목적인 이 샴푸제는 대부분 맑고 투명하여 보통의 액상비누나 세제가 함유된 물질로서 자연적인 호박색 색조나 푸른빛이 도는 노란색을 띠고 있다.

pH 5.5의 클렌징샴푸는 15~20% 정도가 음이온 계면활성제로서 모발에 어떤 찌꺼기도 남기지 않음으로서 '깨끗함(clean)'을 주제로 한다. 효과적인 거품 안정제로 알카놀아마이드가 첨가되어 풍부한 거품이 모발에 좋은 클렌징으로 동일화했다.

① 식물성 샴푸(herb shampoo)

소염, 진염, 탈수, 살균, 건조, 단백질 합성작용을 하며 새 세포 형성을 촉진시킨다. 건강모, 지성모, 발수성모 등에 사용, 특히 펌 시술 전 프레샴푸(preshampoo)한다.

약용, 식용, 향료로 사용되는 식물에 비누샴푸와 고급알코올계를 이용한 샴푸제로서 피지제거 효과가 커 세정력이 강하다. 탈지효과가 높아 지성 두개피에 주로 사용된다.

아이비, 아르니카, 히페리컴, 마로니에, 하마메리스 식물추출물에 필수지방산, 아미노산, 배당체(glycoside), 지질, 사포닌(saponin) 등을 첨가한다.

② 동물성 샴푸(protein shampoo)

피부청정 및 수렴, 진정, 보습, 항염, 피로회복 효과가 우수하다. 화학적 손상모에 부드러운 세정작용과 모발보호 작용이 있다.

누에고치에서 추출하거나 계란의 난황성분이 함유된 단백질 샴푸제이다.

③ 오일샴푸(oil shampoo)

모발에 필요한 유분을 보충시킴으로써 두개피의 거침을 방지한다. 라놀린(lanolin)과 레시틴(lecithin) 등의 유성분을 투명한 형태로 배합시킨다. 물리적 손상모, 건조모 등에 유성효과를 준다.

④ 비눗기가 없는 샴푸(soapless shampoo)

이 제품은 연수와 경수, 찬물, 더운물에 쉽게 헹궈지고 모발에 찌꺼기를 남기지 않는다. 그러나 자주 사용 시 두개피를 건조시킬 뿐만 아니라, 모발의 흡습성이 평소보다 클 수가 있다.

건성·정상모발용으로서 파우더, 젤, 액상형태의 비누성분을 뺀 오일샴푸는 비누를 황산(H_2SO_4)으로 처리하여 합성세제를 만든다. 세정작용에 효과적인 제품으로서 설폰산 오일이 그 주요성분이며, 거품이 생성되는 것과 생성되지 않는 것이 있다.

(2) 컨디셔닝샴푸(conditioning shampoo)

이 샴푸제의 대부분이 불투명하거나 순수 크림이나 로션 타입으로서 풍부한 컨디셔닝의 지각작용을 느끼게 해준다.

클렌징과 컨디셔닝 둘 다의 유효한 결합이 요구되는 컨디셔닝 샴푸제는 세척과보습 및 영양이 보완됨으로써 샴푸 후 처치(after-treatment)가 불필요하다.

① 광택, 유연, 영양, 손상회복, 건조 방지 염·탈색 고정

광택용 샴푸(brilliant shampoo, henna shampoo)

붉은색 또는 적갈색의 헤너가 만들어내는 기본색조이다. 모발의 색을 변화시킨다기보다는 짙은 모발 색조에 광택을 내는 효과가 있다.

유연작용 샴푸(soft touch shampoo, liquid cream shampoo)

 tip 초기 모발 컨디셔닝 샴푸제

주로 양성 계면활성제(amphoteric sulfactants)와 샴푸의 혼합이었다. 이 제품의 결점은 거품이 잘 일어나지 않고 이런 모발에는 "과다 컨디셔닝(overconditioning)" 되어 모발표면 위에 찌꺼기가 쌓일 수 있는 가능성을 갖고 있다. 양이온과 음이온 물질의 혼합을 각각의 특징들이 조합될 수 없는 양립성과 침전(precipitation)의 가능성을 갖는다. 그러므로 양이온과 음이온 복합체의 안정성과 양립성을 향상시키기 위해 4급 혼합물에 유해성 있는 비휘발성 실리콘(nonvolatile silicone)을 함유한 음이온 계면활성제와 안정적인 유화를 갖기 위해 첨가제를 사용했다. 제조 성분(formulate) 중 배합제로서 양이온 폴리머와 미네랄 오일, 단백질 가수 분해제(protein hydrdysates)가 포함되어 있으며 모발 컨디셔닝을 위해 4급 암모늄 혼합물이나 4급 폴리머가 첨가된다. 이러한 기술은 two in- one 유형의 샴푸제에 기초하고 있다.

보통 중간 정도의 유분기를 포함한 흰색 액체로 건성 모발에 사용한다. 기본세제로서 고형비누나 젤 형태 비누의 농도를 높이는 데 사용된다. 표백제로 마그네슘 스테아르산염(magnesium stearate)이 사용되며, 크림샴푸는 대부분 유상액으로 모발을 부드럽고 윤기 나게 하는 오일합성물을 포함하고 있다.

건조 방지용 샴푸(dry preventive shampoo, castile & oil shampoo)

pH 5.5~7로 알칼리 성분이 낮아 중성을 띤다. 올리브유와 가성소다를 주원료로 함유함으로써 모발 내 염착된 염료인 염모제나 토너 성분이 빠지지 않는다. 또한 컨디셔너 성분을 포함하고 있어 부서지기 쉽고 건조하며 손상된 모발에 사용한다.

산성샴푸(acid balanced shampoo)

pH 5~6의 약산성으로서 구연산, 인산 등이 첨가되어 있다. 알칼리성으로 된 모발 pH를 산성샴푸의 pH에 의해 모발 등전점으로 전환시키므로 모발의 팽윤이 억제되는 효과가 있다. 염모된, 펌된 모발에 작용한다.

그 외 **영양보급, 손상 회복용 샴푸** 등이 있다.

(3) 특수샴푸(special shampoo)

활성성분에 대한 성분과 농도는 법에 의해 제정되어 있다. 또한 샴푸제에 염색제나 과산화수소가 섞여 있어서 샴푸와 동시에 모발 색을 입히거나, 빼거나 고정시키는 성분이 첨가된 제품이 있다.

항비듬 샴푸(antidandruff shampoo, germiside shampoo)

비듬 예방 및 가려움 방지 목적으로 첨가되는 살균제는 유황화셀렌, ZPT, 이외 살리실산, 싸이오소론, 운제실렌산(wnde cyenic acid), 벤사이트, 일염기산(monobasicacid) 헥사클로로펜 등이 있다.

비듬제거를 목적으로 유황화 셀렌(selenium)을 배합한 샴푸제가 한때 시판되었으나 유황화합물 특유의 악취가 있기 때문에 최근에는 징크피리티온(ZPT)과 같은 항균제를 주로 사용한다. 항비듬 샴푸는 비듬증을 치료하는 것

 특수샴푸

보통의 샴푸에서와 같이 계면활성제에다 세보리(seborrhea) 문제로서 항진균제 세균을 억제하는 항균제, 활성제 또는 진정제 등의 특수성분이 샴푸제조에 기본적으로 사용된다. 두개피부의 만성적 염증을 동반할 수 있는 비듬 형성은 각질화 과정의 이상현상이다. 비듬제거에 사용되는 활성성분은 징크피리티오(zincpyrithio, ZPT), 셀레늄 황화물(selenium sulfide), 유황(sulfur), 석탄 타르(coal tar), 살리실산(salicylic acid) 등이다. 모든 비듬제거 성분들은 FDA에 의해 재검토 중이며 미국 또는 타 국가에서도 비듬제거 샴푸는 OTC 약품에 의해 규정된다.

이 아닌 비듬의 발생을 예방하거나 클렌징 샴푸제로 제거되지 않는 비듬을 제거한다.

약용샴푸(itchless shampoo)

두개피부에 생리적 변화를 부여하기 위해 약효성분이 있는 용제를 배합시켰다. 과다한 비듬을 효과적으로 감소시키기는 특별한 화학성분이나 약품성분이 포함되어 있다.

악취 제거용 샴푸(deodorant shampoo)

살균제 또는 탈취제가 배합되어 있으며 특히 최근에는 양이온과 양성 활성제를 첨가한 탈취작용이 강한 샴푸제이다.

염모용, 탈색용, 컬러 고정용 샴푸

염모용 샴푸(color shampoo)는 샴푸와 동시에 염모가 된다. 탈색용 샴푸(bleach shampoo, highlighting shampoo)는 샴푸와 동시에 탈색이 된다. 컬러 고정용 샴푸(color fix shampoo)는 헤나, 카모밀렌 등 식물성 천연염료가 샴푸에 첨가되어 탈색을 방지해준다.

(4) 드라이샴푸(dry shampoo)

역할은 모발에 있는 피지를 흡수하며 빗질만으로 제거(brushed off)된다. 웨트샴푸를 요구하지 않는 환자(bedridden)나 노인들에게 또는 물에 적셔 (wetting) 거품 내고(lathering), 헹귀(rinsing), 말리는(drying) 시간을 요구하지 않는 빠른 모발의 세척을 원하는 사람들을 위한 제품이다.

액상 드라이샴푸(liquiddry shampoo)

질환으로 인해 젖은 샴푸를 할 수 없을 때 두개피를 청결히 하기 위해 사용되는 샴푸제이다. 벤젠이나 휘발유(gasoline)를 원료로 하여 제조되어 있다. 특히 휘발되는 성분이므로 통풍이 잘 되는 방에서 사용해야 한다.

 드라이샴푸

계면활성제에 의존하지 않는 특별한 클렌징 제품(hair cleansing products)이다. 이는 녹말(starch) 같은 분말을 사용 에어로졸 형태로 제조된다. 전형적인 드라이에어로졸 샴푸(dry aerosol shampoo)는 5%의 녹말과 5% 메틸렌 염화물(methylene chloride) 그리고 추진제(ptopellants)로 구성되어 있다.

분말 드라이샴푸(powder dry shampoo)

오리스 뿌리의 식물성 분말, 흰 불꽃뿌리 분말가루는 천연 식물성 성분과 화학제인 산성 백토에 카울린, 탄산마그네슘, 붕사 등이 혼합된 제품이다. 두개피에 도포 시 모다발을 나누면서 꼼꼼히 한다. 도포 후 20~30분 경과 후 모발의 피지성분을 흡수한 파우더를 솔이 긴 브러시로 브러싱하여 제거시킨다. 분말 제거 후, 헤어 토닉(hail tonic)을 묻힌 탈지면 등으로 남아 있는 분말가루를 닦아낸다.

계란 흰자를 이용한 드라이샴푸(white egg shampoo)

거품을 낸 계란흰자를 두개피 내 파팅된 모발에 도포한다. 도포 후 건조된 계란흰자는 브러시로 브러싱하여 제거시킨다.

(5) 아기용 샴푸(baby shampoo)

베이비 샴푸의 특징은 순하고 부드러워(mildness) 눈과 두개피에 자극을 주지 않는다.

1980년대 제품으로서 피부에 자극이 없어 종종 어른들도 사용하고 있다. 초기 저자극성의 특징을 가진 양성 계면활성제(amphoteric surfactants)는 거품이 잘 일어나지 않았다. 특정 베타인(betaines)과 거품촉진제(form boosters)를 첨가함으로써 이러한 결핍을 보완시켰다.

3. 세정 미학(Aesthetics of detergent)

소비자는 두개피 표면의 피지제거에 효과적인 세정기능을 가진 세정제보다 세정 후의 모발에서 느끼는 외관적인 것에 관심이 더 있다. 즉, 모발광택이나 바디감이 갖는 모발건조 특성에 관심을 나타낸다.

(1) 세정제

① 양질 세정제

보통의 손질만으로도 윤기 나는 모발은 모표피층이 아주 잘 보존된 건강모로 양질의 세정제는 모발 내 지질을 제거하지 않는다.

모발광택을 일시적으로 회복시킨다. 샴푸시술 과정에서 피지와 다른 입자의 제거와 함께 모발표면 반사광이 감소되므로 모발광택은 비례해서 증가한다.

샴푸 후 모발은 입체적이다. 모발섬유 간 접착의 결여는 모발 양의 증가(hair body)로서 양감과 질감이 갖는 볼륨감의 형성은 탄성과 탄력을 증가시킨다.

깨끗이 세정된 모발을 빨리 건조시킨다. 기름기가 남아 있는 모발은 모발섬유 간 접착력과 함께 유분 자체가 수분을 가두는(entrap) 역할을 한다.

② 강한 세정제

세정력이 강한 샴푸는 모발 간 섬유의 마찰률을 증가시킴으로써 모발 빗질(combing)을 어렵게 하여 정전기 발생을 증가시킨다. 또한 건조하거나 낮은 습도 시 모발 가닥가닥이 파시시한(flyaway) 외양을 나타낸다.

(2) 세정의 효과

세정력을 가진 세정제라 해도 모발에 구성된 다양한 피지의 요소인 내부지질과 외부지질에 같은 방법의 세정작용이 적용되지 않는다. 두개피 내 피지는 세정제로서 보통 1~2분 정도의 짧은 시간 내에 세척된다.

재오일화(reoiling)

피지선으로부터 피지가 분비되는 비율로서 세정 후 1~2시간 지나면 두개피부 전면에 피지는 다시 분포됨으로써 재오일화된다.

재오일화 억제효과

세정기법에 따른 영향과 피지제거에 효과적인 세정기능을 가진 세정제에도 문제는 있다. 톰슨(Thompson)의 시험연구에서 계면활성제는 피지성분 중 파라핀에 대해서는 더 제거하기가 어렵다고 한다. 이는 샴푸과정의 주기 수에 따라 모발에서의 파라핀 양이 증가한다고 지적하고 있지만 '샴푸피로' 현상이지 않나 추측되기도 한다.

 모발에서의 피지 축적과정

하나의 모낭에 있는 모발 사이로부터 다른 모낭의 피지에 의해 직접적 또는 물리적 접착에 의해 형성된다.
- 모낭에서 모발로의 피지 이동과정의 결과이다.
- 물리적 접착인 빗질과 브러싱을 통해 퍼짐 및 확산 효과를 촉진시킴으로써 형성된다.
- 모발표면의 성질에 많이 좌우한다.

(3) 세정제에 의한 피부장애

피부의 각질층은 pH 4.5~5.5의 약산성으로서 산 또는 알칼리 물질에 접촉 시 용해, 침투된다.

① 합성세제에 의한 장애

비누에는 단백질 변성작용은 없지만 피지의 탈지작용으로 알칼리성이 강한 비누에 비교적 긴 시간 피부에 노출되면 피부장애로서 생체장애를 일으킨다. 이를 단계별로 살펴보면 다음과 같다.

피부장애의 제1단계: 피부의 표면을 보호하는 피지막이 세제에 의해 용해, 제거됨으로써 탈지상태를 일으킨다.

피부장애의 제2단계: 피지막 훼손으로 인해 수분유지 능력이 저하됨으로 피부가 거칠게 된다.

피부장애의 제3단계: 노출된 피부표면의 각질층 단백질이 ABS(Alkyl benyl sulphonicacid)와 LAS(lauryl alkyl sulphonic acid) 등 설폰산 소다계 계면활성제 의해 변성으로서 제1차 자극장애가 나타난다.

제1차 자극장애: 피부와 세제(ABS, LAS) 간 접촉시간의 연관성으로서 피부단백질 변성에 의해 면역저항력이 약화됨은 1차 자극장애로 구균과 진균에 의한 감염을 일으켜 화농상해를 가져다준다. 따라서 알칼리성 강한 비누에 비교적 긴 시간 접하면 피부장애가 발생한다.

② 합성세제 첨가제에 의한 장애

모발표면 활성제의 잔여물 구축으로써 화학제품으로 사용되는 단백질 유도체, 실리콘검 등과 같은 첨가물의 사용증가에 원인이 있다.

잔여물 자체가 모발클렌징에 부정적인 영향을 가져다줄 수 있다. 모발 염색이나 펌 과정을 방해할 수도 있다. 샴푸제 잔여물은 피지와 상호작용이 가능하다.

모발을 좀 더 친수성화 한 결과 피지의 누적이 형성된다. 모발표면에 초점을 둠으로써 수용성을 낮추게 한다.

● 요약

1. 두개피 이물질은 두개피에서 생성되는 생리물질과 환경적 물질로 구분된다. 이러한 생리물질 중 피지는 트라이글리세라이드, 유리지방산, 왁스 및 콜레스테롤에스터 스쿠알렌, 프리콜레스테롤, 파라핀 등으로 구성된 물질이다. 생리활성으로서 분비되는 피지 같은 유전학적, 계절변화, 햇빛의 양, 모발길이, 드라이어스타일링 횟수 등에 관여되며 내적요인과 외적요인으로 나뉜다.

2. 모발 바디감은 모발 미학으로서 피지점도와 인종별 관련 피지점도가 있으며, 모발의 형태는 곱슬 모발, 심한 곱슬 모발 등에 따라 달리 나타난다.

3. 세정은 표면에서의 흡착, 계면장력의 변화, 가용화, 유화, 표면전하의 형성과 방출 등 복합적인 과정에 의해 이루어질 때, 세정제의 역사를 통해 샴푸의 기재인 계면활성제의 다양한 유형과 함께 발전됨은 애덤스와 키사의 세정이론을 들 수 있으며, 애덤스의 말아 올리기 기법(roll-up)은 다양한 표면장력 간의 상호작용으로 샴푸공학을 만든다.

4. 세정제로서는 계면활성제 개발 이전의 비누로부터 개발 이후의 합성세제로 구분되며, 세정제 유형으로서 클렌징샴푸는 식물성, 동물성, 오일, 비눗기가 없는 샴푸를 포함한다. 컨디셔닝샴푸는 광택, 유연, 영양, 손상회복, 건조방지, 염·탈색 고정 등에 중점을 둔 광택용 샴푸, 유연작용 샴푸, 건조방지용 샴푸, 산성샴푸 등의 유형으로 제조된다. 특수샴푸는 항비듬 샴푸와 약용샴푸, 악취제거용 샴푸, 염모용·탈색용·컬러고정용 샴푸 등이 있다. 드라이샴푸는 액상 드라이샴푸, 분말 드라이샴푸, 계란흰자를 이용한 샴푸 등으로 구성된다.

5. 세정 미학은 세정 후 모발에서 느끼는 외관적인 것으로서 세정제와 세정효과를 통해 일시적으로 모발광택을 회복시키는 양질 세정제와 모발을 파시시(flyaway)한 외양을 주는 강한 세정제로서 재오일화, 재오일화 억제효과 등이 있다.

● 연습 및 탐구문제

1. 두개피 세정이론의 근간이 되는 두개피 이물질을 피지성분과 분비량, 모발 바디감으로 분류하여 설명하시오.
2. 세정에서의 세정제의 역사와 세정이론을 각각의 조를 나누어 설명하고 토론하시오.
3. '샴푸의 공학'이 갖는 애덤스 세정이론을 토대로 미용사로서 학적 체계화를 토론하고 토론의 결과를 정리하시오.
4. 세정제로서 비누의 기원과 역할을 구분하여 설명하시오.
5. 합성세제 시대의 변천사를 설명하시오.

Chapter 5

두개피 컨디셔닝제

● 개요

　주성분 농도의 짙기순에 따라 린스, 컨디셔너, 트리트먼트로 구분되는 컨디셔닝제는 모발에서의 마찰력을 낮추고, 정전기적인 충전을 방지함으로써 보호막을 제공한다. 모발의 이상손질 과정에서 모표피층의 박리는 모피질 내 간충물질의 유출을 반영한다. 컨디셔닝제는 바이타민, 단백질, 수분 등 여러 화합물질로 손상된 모발의 외관, 촉감, 풍부감, 매끄러움을 향상시키는 역할을 갖고 있다. 이러할 때 컨디셔닝의 개발에 따른 계획, 작용실험, 시장조사실험, 안정성·안전성 실험 등이 요구된다. 컨디셔너 배합물은 양이온 컨디셔닝제, 지질 컨디셔닝제, 저분자량의 컨디셔닝제, 그 외 첨가물 등이 있다.

● 학습목표

1. 모발손상 원인에서 여러 가지 원인에 대해 설명할 수 있다.
2. 컨디셔너의 종류와 역할, 개발 등을 설명할 수 있다.
3. 컨디셔너의 배합물인 양이온성 지질 컨디셔닝제를 분류하여 말할 수 있다.
4. 린스제의 종류와 성분을 설명할 수 있다.
5. 린스의 일반적 성분을 구분할 수 있다.
6. 트리트먼트제의 종류와 유형을 설명할 수 있다.

● 주요용어

린스, 컨디셔너, 트리트먼트, 등전점, 실리콘, 안전성, 산린스, 크림린스

두개피 컨디셔닝제
(Conditioning agent of scalp)

세정과정의 젖은 모발은 기계적 손상을 쉽게 받는다. 이는 기계적 마찰(mechanical friction)로부터 모발을 보호하는 피지(sebum)가 씻겨 나갔기 때문이다. 모발에서의 컨디셔닝제는 마찰력에 저항하며, 빗질을 용이하게 하고 모발상태를 보호한다. 또한 어떤 컨디셔닝제는 모발섬유 내부에 침투하여 직접적으로 손상된 상태를 보완하기도 한다. 손상모발에 대한 완벽한 컨디셔닝은 없다. 그러므로 여러 성분의 컨디셔닝제들이 복합적인 처방과 과정에 의해 컨디셔너(conditioner)가 된다.

컨디셔너는 모발 특유의 건강한 상태로 유지되는 것을 도와주며, 정상모 (virgin hair, permanent hair)일 때 헤어스타일을 내거나 빗질이 용이한 모발 바디감과 탄력을 갖는 양호한(conditioned) 상태의 역할을 한다. 일상 우리들이 말하는 린스제는 '컨디셔너'로서 린스, 컨디셔너, 트리트먼트의 명확한 구분은 존재하지 않지만 일반적으로 주성분의 배합에 따라 린스, 컨디셔너, 트리트먼트로 구분시킨다.

1. 모발손상 원인(Hair damage cause)

모표피와 모피질은 형태학적으로 분류된다. 모피질의 기능은 모발섬유 내에 내구성을 주는 기계적 특성을 제공한다. 모표피는 모피질을 보호하기 위한 화학적 저항층으로 마찰(friction), 당김(pulling), 구부림(bending), 자외선 방지(ultra violet radiation) 등 물리적·화학적 변성에 저항한다. 모발에서의 시각적, 촉각적 성질은 모표피의 비늘층 배열에 따라 형성된다. 팁(tip)을 형성하는 비늘(scale)들은 빛을 반사시키며, 모 가닥가닥 인접한 경계는 외부환경에 노출되어 있다.

외부환경 인자는 손질과정, 기후상 노출, 물·열을 이용한 서비스, 화학제 등으로서 이들로부터 처치(treatment)를 요구하고 있다. 이러한 처치는 컨디셔너의 역할로서 마찰력을 낮추고, 정전기적인 충전을 몰아냄으로써 발생되는 모발손상 방지를 위해 보호막(coating)을 제공한다. 치료(therapeutic) 또는 딥 컨디셔너(deep conditioners)는 실제로 모피질의 손실된 부분들을 보완시키는 침전물질을 일컫는다.

모발손질 과정(Hair grooming process)

샴푸단계에서 모발은 매듭같이 엉키게 된다. 젖은 모발이 마른 모발보다 마찰에 대한 저항력이 낮아 손상이 되기 쉽다. 따라서 모표피층에 50번 정도 손질과정(treatment)을 가했을 때 1~2.5% 정도의 비늘이 파손된다. 이 비율에 기초하였을 때, 1주일 2번 정도 손질 시 모표피가 갖는 모든 비늘은 14~60개월에 모두 잃게 됨으로써 모피질이 드러나는 결과를 유출한다. 흑인계 모발(negroid hair)이 갖는 이중구조(bilateral structure)는 손질에 더 많은 손상을 가져다준다. 모표피에 대한 불규칙적인 방향의 역전으로서 빗질이나 브러싱 과정은 섬유축의 꼬임을 준다. 이러한 손상과정은 스캐닝 전자현미경(scannig electron microscopy)과 인장력 테스트(tensile tests)를 이용하여 측정 가능하다.

샴푸, 타월 드라이, 젖은 모발 빗질 등의 반복된 일상손질 과정 시 모간 말단 모표피층이 벗겨짐으로써(abrade) 손상이 증가됨을 확인할 수 있다.

기후상의 노출(Climatic exposure)

모발은 1년에 약 12~18cm자라면서 총 75cm 정도에서 성장기가 멈추게 된다. 모발은 두개피부에서 계속 밀려나오므로(elongate) 모간 말단 부분은 가장 오랫동안 기후의 영향에 놓이게 된다. 이러할 때 모발길이에 따라 풍화에 의한 손상효과는 노출에 비례하게 된다.

초기 풍화단계에서 모발은 자체 고유색상을 잃게 되고 모표피 유실에 따른 모발섬유의 갈라짐은 부서짐을 유발시킨다.

염소와 염수(Chlorine and salt water)

바닷물에서의 수영 후 모발에 남아 있는 염분은 모발과 화학적 상호작용을 하지 않으나 모발표면에 남아 축적되면서 모발을 건조시킨다.

소독제로 사용하는 염소(Cl)가 모표피 파열을 가져다준다. 모표피 파열은 모피질에서 용해된 단백질은 거품 또는 **all-worden sacs**의 독특한 형태를 가진다. 이런 sacs은 빗질 또는 브러싱할 때 묻어나온다.

열을 이용한 스타일링(Heat styling)

120℃ 정도의 달군 롤러를 이용하여 모발에 50회 정도 반복 시술 후에도 손상되지 않는다. 높은 온도를 요구하는 컬링아이론(curling irons), 클림퍼(crimpers), 압축기기(pressing) 등을 175℃까지 허용하는 기술이다. 이러한 온도를 이용한 반복사용은 모발의 인장력을 떨어뜨림과 동시에 모발섬유의 약함을 가져다준다.

모발 화학제(Hair chemical agents)

염모제나 탈색제에 사용되는 과산화수소(hydrogen peroxide, H_2O_2)는 모발색소인 멜라닌을 산화시켜 원하는 색조를 만든다. 즉, 과산화수소는 이황화결합(disulfide bonds, S-S)을 개열(weakens) 산화시킴으로써 시스테산(cysteicacid, SO_3H) 형태로 남아 음이온의 첨가를 제공하여 모발을 약하게 한다. 빗질 또는 도포 시술과정에서도 마찰력의 증가와 동시에 모발표면의 염료 미립자 정전이 발생한다. 펌제(wave, straightened permanent agent) 역시 이황화결합의 분자를 재배열시킴으로써 손상을 유도한다. 부풀어짐(up lifted)과 찢겨진 모발 끝은 모발 간 빗질 시 마찰적 힘을 증가시켜 부스스한 현상을 나타낸다.

다양한 화학제는 모발색상을 변화시키며 모발형태 구조를 변화시킨다. 손상은 모발의 인장력을 줄이고 탄성의 변화를 나타낸다. 모발처치로서 각각의 물리·화학적 과정은 모발의 손상에 지속적인 증가를 가져다주며, 다른 작용들과 상호의존적으로 점진시키기도 한다.

2. 컨디셔닝제(Hair conditioning agent)

모발에 대한 전문적인 손질방법에 대한 처치제로서 많은 화학제가 첨가된 모발 컨디셔너는 천연오일과 수분에 의해 건조모(dry hair)와 바스러지기 쉬운 모(bittle hair)는 처치만으로도 어느 정도까지는 개선이 된다. 개선된 모발은 다른 임상 서비스를 받아들일 수 있는 기반 상태를 만드는 기능을 한다.

바이타민, 단백질, 수분 등 여러 화합물질로 이루어져 있다. 이러한 화합물질로서 처리된 손상모(damage hair)는 윤기가 나며 화학물질이 코팅막을 형성시켜준다.

1) 컨디셔너 종류(Conditioner sort)

크림과 액상 타입이 있으나 원하는 효과는 재조사에 따라 다르다. 어떤 유형을 선택할 것인가는 모결의 상태, 모질, 원하는 결과 등에 따라 제품사용 방법을 숙지해야 한다. 대부분의 컨디셔너는 샴푸한 뒤 드라이 타월 후에 도포하며 4가지 종류로 분류할 수 있다.

사용시간이 정해진 컨디셔너(timed conditioners)

컨디셔너제를 모발에 도포시킨 후 1~5분 정도 후에 물로 헹구어낸다. 주로 산성으로 모발의 모피질 층까지는 침투될 수 없지만 모표피의 천연오일과 수분을 보충해준다.

스타일링 로션에 혼합된 컨디셔너(conditioners combined with stylinglotions)

단백질과 송진이 세팅로션에 첨가된 컨디셔너로서 세팅(setting) 도중 모발 일부에 도포한다. 세팅 중간에 물을 약간씩 분무해주면 빗질뿐만 아니라 모류를 유연하게 할 수 있어 세팅이 용이하다. 모질·모발 상태에 따른 특성에 의해 컨디셔너 농도를 달리 선택할 수 있다.

단백질 침투성 컨디셔너(protein penetration conditioners)

가수분해된 미립자 단백질이 다공성 모발 내 모피질 속으로 침투하여 손실된 단백질을 보충해준다. 모질을 좋게 하고 다공을 균일하게 함으로써 탄력성을 증가시킨다. 과다하게 침착된 컨디셔너는 세팅 전에 헹구어내야 한다.

중화용 컨디셔너

알칼리 제품을 이용 시술 시 모발 내 잔유된 알칼리 성분을 중화시키는 컨디셔너제이다. 중화용 컨디셔너는 산성용액으로 모발손상을 방지하며 자극을 받는 두개피를 진정시킨다. 도포 시 1~5분 정도 후에 헹구어낸다.

2) 컨디셔닝제 역할 및 개발(Conditioner role and development)

> 손상된 모발의 외관(appearance), 촉감(feel), 풍부감(fullness), 매끄러움(lubricity)을 향상시키는 첨가물로 모발 고유의 건강한 상태로 회복 또는 유지시키고자 함이 컨디셔닝제의 역할이다.

(1) 컨디셔닝제의 역할

모발에 대해 보완의 역할을 가진 컨디셔닝제는 먼저 모발 내로 침전되거나 흡수되어야 한다. 침전되거나 흡수된 컨디셔닝제는 모발에 남거나 헹굼에 의해 씻긴다. 이는 첨가물이 갖는 전하, 분자량 및 pH로 모발 등전점에 영향을 받는다.

모발 등전점과 컨디셔닝제 역할

> 모발 등전점(pH 4.5~5.5)은 모발 단백질(18개 아미노산)이 확산될 수 없는 전기적 분야가 갖는 pH이다.

◦ 모표피의 등전점은 약 pH 3.7(acid-base)을 띤다. 음의 전하를 띠는 산성기(carboxyl groups)와 양의 전하를 띠는 염기(amino groups)를 포함한다.
- 모발이 등전점 이하일 때, 모발은 양전하를 띤다.
- 모발이 등전점 이상일 때, 모발은 음전하를 띠게 된다. 이때 외부물질과의 인력에서는 양전기를 띤다.
- 양이온 물질(cationic substances)은 모든 pH에서 양전하를 가져다주나, 모발 등전점 이상에서는 pH의 증가로 인해 모발에 더 강하게 흡수된다.

> 탈색모는 낮은 등전점을 갖고 있어 양이온 물질에 더 강하게 흡착된다.

◦ 모표피에서의 음전하는 양이온 계면활성제에 의해 흡착이 됨으로써 중화(neutralize)된다.
- 중화상태는 모표피 간 반발작용에 대한 반응은 모발섬유를 부드럽게 하

여 들뜸과 빗질을 용이하게 한다.

헹궈내는 컨디셔닝제의 역할

모발 내 침전되는 컨디셔너는 수용성 성분에 대해 친화력을 가진다. 간충 물질 내 컨디셔닝제의 흡수력은 컨디셔너가 갖는 전하로서 극성 대 비극성에 의존한다.

비이온성 컨디셔닝제 역할

모든 컨디셔닝제가 양이온을 가지는 것은 아니다. 실리콘(silicones) 오일(oils), 에스터(esters) 등을 비이온성으로서 전기적 전하를 갖지 않는다. 모발에서 비이온성을 띠는 것은 소수성 또는 비극성기로서 강한 결합력(Van der Waals forces)에 의해 발생된다.

(2) 컨디셔닝제 개발

건강모는 빗질이 쉬우며 윤기(shiny)가 나며 모발 날림(flyaway) 등이 없다. 이에 반해 컨디셔너를 개발할 때 제조자들은 건강모를 기준으로 제품 특성(attributes), 미적(esthetics), 안전도(safety), 가격요인(cost parameters) 등에 따른 시장성도 고려한다. 개발과정은 미용시장 정보에 의해 아래와 같이 계획된다.

① 컨디셔닝제 개발계획

> 컨디셔너가 정상모, 지성모, 손상모, 백모 등 모발 타입에 적용될 수 있도록 한다. 식물, 허브 추출물, 보습제, 자외선 차단제 등의 컨디셔너 배합물에 반드시 병합되어야 하는 성분 목록 등이 계획되어야 한다.

제품개념(product concept)의 설명, 특징과 장점 목록에 따른다. 요구하는 제품의 작용으로서 경쟁 초점보다 향상이 되거나 또는 그 작용과 거의 비슷한 성능이 요구된다. 색상이나 외관, 점성도 등의 물리적 성질로서 컨디셔너가 가질 형태(leave-on, rince-off, spray) 또한 요구된다. 포장구성 요인으로서 용기가 유리인지 플라스틱인지 또는 투명, 불투명과 담아서 닫는 모양 등의 종류가 요구된다.

② 컨디셔너 작용실험(performance testing)

컨디셔닝제로 컨디셔너 성분의 효과를 모발에 도포 후 평가할 때 일시적이더라도 본래 모발상태로 되돌릴 수 있어야 한다.

모발 컨디셔너 작용실험

빗질로서 세기를 측정하는데 컨디셔닝제가 체인 길이를 증가시킴으로써 빗질의 용이함을 향상시킨다. 반두(half-head) 실험과정을 거친다. 또한 마케팅 조사와 효과적으로 의사(communicate)를 상호 교환해 대규모 시장조사 실험을 한다.

성분 안정성 실험

저장 수명은 제품이 생산되고 보관되어 제조업자에 의해 수송되는 때부터 마지막으로 소비자에 의해 쓰일 때까지의 수명이다.

컨디셔너 성분을 컬러, 그 외 저장 수명(shelf life)이라고 불리는 시간 이상 동안 본래 성질을 보유해야 한다.

2~5년 이하의 기간으로서 샘플은 방 온도에서 유지시킨다.

- 열(heat): 일반적으로 지속적인 오븐온도는 40~50℃이다.
- 냉장(cold): 일반적으로 냉장장치에서 4~5℃를 유지한다.
- 어는점(freezing): 0℃ 또는 그 이하이다.
- 어는점/녹는점(freezing/thaw): 열 순환에 의한 차가움이 계속된다.
- 색상불변(color): 자연 또는 인공 빛 등이 사용된다.

인체 안전성 실험

컨디셔너에 대한 인체안전을 위해 단순실험이 아닌 연속실험이 반드시 필요하다. 현재 모발 컨디셔너를 포함하는 화학적 다양함은 생태계에 미치는 영향과 파멸 등에 있어서 계속적 조사 연구를 요구한다.

안전성 실험의 수와 종류는 제품사용 경향, 가공하지 않은 물질 사용의 안전성 역사, 유사제품과 법인 경영법의 유용한 역사적 자료 등에 의존한다. 개별적 케어제품의 생물 분해성(biodegrad ability)은 환경에서 발견되는 물, 오수와 오물 등을 자극한다. 여러 타입의 생물 분해성 실험이 요구된다.

3) 컨디셔닝 배합물(Conditioning combination)

(1) 양이온 컨디셔닝제(cationic conditioning agents)

> 양이온 계면활성제(cationic surfactant)는 알킬아민(alkyl amines), 에써옥시레이트 아민(ethoxylated amines), 제4급염(quaternary salt)과 알킬 이미다졸린(alkylimidazolines)으로 세분화된다.

양이온 컨디셔닝제는 양이온성 계면활성제와 양이온성 중합체 두 종류로 분류된다. 양이온성 계면활성제는 소수성기의 긴 고리기(hydrophobic long-chain redical)를 포함한다.

알킬아민(alkyl amines)

> 제3아민(tertiary amines)은 암모니아(NH_3)의 유래물질로서 아민을 만드는 데 사용된다. 코코넛, 팜, 수지, 콩기름 등 다양한 지방산의 공급원이다.

분자의 소수성 부분에 양전하(+)를 띠므로 강한 양이온성 성질이 나타난다. 산성 pH에서 아미노기는 양자를 얻으며 물에 녹지 않는 것(water-insoluble)에서 물에 녹는(water-soluble) 성질로 변한다.

에써옥시레이트 아민(ethoxylated amines)

에써옥시레이트 아민은 샴푸제나 투명한 컨디셔닝제에 사용된다. 모발에 대한 엉킴 방지와 정전기 조절에 보다 효과적이나 거품은 잘 일어나지 않는다.

제4급염(quaternary salts)

양이온 계면활성제의 사슬길이 증가, 소수성 상호작용의 정도로서 표면 활성력(surface activity)을 증가시킨다. 순함(mildness)에 크게 기여함으로써 피부와 눈에 자극이 적다. 제4급염은 침전을 위해 손상모발을 둘러싼다. 충분한 컨디셔닝과 정전기 방지에 효과적이다.

$C_8{\sim}C_{10}$의 알킬체인(alkyl chaino)은 미생물과 균류에 대해 살균성이 있다. 알킬사슬 수의 길이 증가는 컨디셔닝 성질을 증가시킴으로써 엉킴 방지(detangling), 젖거나 마르거나 모발상태에서의 빗질에 따른 정전기 조절에 관계한다.

알킬 이미다졸린(alkyl imidazolines)

양성구조로서 등전점 이상에서 음이온으로 작용하고 양성구조로서 등전점 이하에서 양이온으로 작용한다

화장품 제조에 사용되는 물질로서 이미다졸린은 알칼리화제(alkylating agent)와 반응하는 양성(amphoteric) 구조를 갖고 있으며, 순한 물질로서 보통 샴푸 컨디셔닝제와 목욕제품에 첨가된다.

① 양이온 중합체(cationic polymers)

자연적이거나 합성 또는 생합성(biosynthetic)을 할 수 있다.

자연적 중합체(natural polymers)는 다당류, 단백질, 핵산 등 3종류로서 모발 컨디셔닝에 사용된다. 이는 매끄러움(slip), 윤기(sheen), 습윤성(hnmectancy), 모발 바디감과 같은 특성을 나타낸다. 이러한 특성은 모발 내 침전됨으로써 중합체는 크게 증가된다. 반면, 건조모발 상태에서는 정전기 전하를 유발시킬 수 있으므로 정전기 감소제(caprylic, capric triglyceride)를 첨가시키기도 한다.

다당류(polysaccharides)

제4염기가 다당류를 접착시켜 분자상으로 풀 먹임과 컨디셔닝의 성질을 결합시키는 결과를 유도한다.

반복되는 단당류(monosaccharide) 단위 또는 단순당질(shimple sugars)과 함께 결합된 긴 사슬로서 만들어진다. 이는 풀먹임(thickening)과 매끄러움, 엉킴 방지작용을 한다.

단백질(protein)

양전하의 양은 적으나, 단백질에서 4급 암모늄기가 전자쌍을 공유함으로써 양이온성 성질은 크게 강화된다.

펩타이드 혼합물로서 부분적으로 가수분해되거나 완전히 가수분해되어 개별적인 아미노산으로 사용된다. 분자량이 1,000 또는 그보다 작은 단백질 조각들이 모발에 가장 실제적이다.

실리콘(silicones)

휘발성 실리콘은 젖은 모발상태에서 빗질을 용이하게 하고 손질을 향상시킨다. 음전하를 띤 손상된 상태의 모표피를 끌어들임으로써 양전하가 증가됨으로 손상된 모표피를 부드럽게 하며, pH 7 이하에서 실리콘의 일부는 윤기를 향상시키고 모발표면을 보호하고 부드럽게 한다.

지질 컨디셔닝제(lipid conditioning agents)

모발을 윤기 나게 할 수 있는 물질은 지질(lipids), 지방(fats), 오일(oil), 왁스(waxes)로 소수성 긴 사슬의 탄화수소기로서 모발에서의 보호적 코팅 역할을 한다.

지방과 지방산에스터(fats and fatty esters)

지방산 에스터는 오일보다 덜 기름지기 때문에 연화제로서 사용된다.

tip 양이온 중합체

최근 소(wheat)나 콩에서 저분자량의 폴리펩타이드나 아미노산으로 추출한 단백질 파생물들이 생산된다. 이들은 양이온성이 강하지만, 양성과 음이온성에도 용이하고 산성 pH엔 녹으며, 눈과 피부에 순하고, 살균성과 거품이 잘 일어나는 특성감을 나타낸다. 또한 모발에 윤기와 바디감을 제공함으로써 컬의 탄력과 풍부함을 갖게 한다.

일반적으로 트라이글리세라이드(triglyceride)라 불리는 지방은 트라이아실 글리세롤(triacylglycerol), 알코올 글리세롤(alcohol glycerol)의 에스터로 이들은 같거나, 다른 지방산 분자이다. 트라이글리세라이드는 모발에 윤기와 광택을 공급한다.

왁스

> 모발에 보호제적인 코팅형태로서 뿐만 아니라 유제의 농후함(thickening)과 안전성을 준다.

긴 사슬의 알코올과 고급지방산 에스터로 트라이글리세라이드 구조와 가장 근접한 특징을 갖고 있다.

(2) 저분자량의 컨디셔닝제

모발 내 침투가 용이하다. 거품, 향기 용해화와 음이온 계면활성제 등의 성질을 포함한다.

판테놀(panthenol)

프로비타민 B5로 모발에서는 판토텐산(panthothenic acid)으로 전환된다. 모피질에 침투하여 펌과 염모로 인한 손상모에 회복됨을 도우며, 반복된 손질로 인한 모발 노화과정을 가능한 낮추고자 한다.

글리세린

저분자 화합물로 모발 내로 침투하여 수분을 보충시켜 준다. 또한 펌제의 주성분인 싸이오글리콜산으로부터 손상을 줄이는 데도 사용된다.

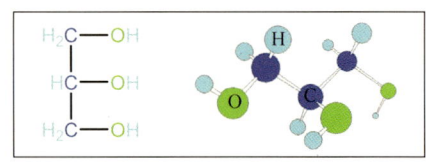

글리세린

4) 그 외 컨디셔닝 첨가물(Other conditioing addition)

농후제(thickeners)

> 양이온 중합체는 컨디셔닝제로 많이 사용되고 있으면서 또한 농후제로 제공한다.

컨디셔닝 샴푸, 컨디셔닝 스타일용품, 크림린스 등과 같은 조제는 양이온 계면활성제에 기반을 두고 있으나, 비이온 농후제 또는 사용된다.

유화제(emulsifiers)

> 오일, 실리콘, 에스터와 모든 종류의 다른 소수성 컨디셔닝제에서는 양이온 또는 비이온 유화제 둘 다 사용된다. 물을 근간으로(water-based) 유제화나 용해화가 필요하다.

유화제는 SEBs(self-emulsifying base soap)로 옆에 민감하지 않고 부드럽게 흔듦으로써 일률적으로 혼합된다.

향(fragrances)은 가공하지 않은 물질의 냄새를 희석시켜 가리거나 또는 제품사용과 사용 후에도 처음 뚜껑을 열었을 때와 똑같은 특정한 분위기를 일깨우기 위해 사용된다.

자외선 차단제(sunscreens)

> 모발 자외선 차단물질은 옥틸디메칠 파바(Octyldimethyl PABA)로 자외선에 의한 제품의 변색과 퇴색을 막기 위해 첨가된다.

제품화된 샴푸는 1% 옥틸디메칠 파바(para-aminobenzoic acid)가 첨가되어 있다.

식물과 허브 추출물(plant and herbal extracts)

로즈마리(rosemary), 세이지(sage), 카모밀레(chamomile)가 가장 일반적인 모발컨디션에 사용된다.

방부제(preservatives)

컨디셔너 배합물들은 사용기간 중 제품보존을 위해 방부제의 첨가가 대부분 필요하다.

색상(colors)

모발 내에 침전되는 색상의 양은 일반적으로 약하므로 모발에 밝기(highlight) 또는 색조(tone)로 사용된다.

3. 린스제(Rinsing agent)

세발 후 모발에 매끄러움을 부여하여 모발표면 상태를 정돈할 목적으로 사용되는 화장료이다.

1) 린스 종류와 성분(Rinse type and component)

'헹군다'의 뜻을 지닌 린스는 플레인 린스(plain rinse)와는 구분된다.

일반적인 린스의 효과는 양이온 계면활성제가 모발 케라틴의 음이온 영향으로 음(-)으로서 모발표면에 일렬로 흡착되고 계면활성제의 친유기에 오일분자가 흡착되어 아주 얇은 유성의 피막이 형성된다.

(1) 불순물 제거 린스(pre rinse)

물에 난용성 물질로서 비누가스 등의 금속염과 염모용 금속분을 제거하고자 할 때 사용된다.

비누가스제거

비누 또는 비누에 탄산나트륨이나 천연규산염을 혼합한 분말샴푸 사용 시 알칼리분과 광택을 저해하는 비누찌꺼기가 잔유한다.

헥사메타인산나트륨 $[Na_2(Na_4P_6O_{18})]$ 0.2% 수용액을 사용하여 수용성 물

tip 린스제

① 최근 린스의 주성분으로 양이온 계면활성제를 사용한다. 단백질과 친화력이 커 모발에 대한 흡착성이 뛰어나 정전기 발생을 억제시킨다. 살균성이 있어서 가려움과 냄새를 억제시킨다.

② 양이온 계면활성제의 알킬쇄 길이가 길면 길수록 모발표면의 마찰계수를 저하시킨다. 친수기는 모발방향으로 정전기적인 흡착으로 친유기는 외측 배향 흡착한다. 모발표면이 양이온 계면활성제의 친유기로 마무리되어 매끄러움을 준다.

③ 모발표면에 흡착된 양이온 계면활성제나 유분은 물 세척으로도 간단히 제거되지 않는다.

질로 바꾸어 충분히 헹구어준다.

$$2Ca(RCOO)_2 + Na_2P_6O_{18} \rightarrow 4R \cdot CooNa + Na_2(Ca_2P_6O_{18})$$

비누가스 + 헤사메타인산나트륨 → 비누 + 피로인산나트륨

(불용성)　　　　　　(수용성)　　　　　　(수용성)

금속분의 제거

금속성 염료를 이용하여 염모한 모발은 펌 시술 시 펌이 형성되지 않는다. 펌 1액을 2배 정도 물에 희석하여 헹궈낸다.

금속분인 철(Fe)은 싸이오글리콜산과 반응하여 자색으로 변성시킴으로써 흘러내린다.

$$Fe + 3SH \cdot CH_2COONH_4 \rightarrow Fe(SH \cdot CH_2COOH)_3 + \underline{3NH_3 \uparrow + H_2 \uparrow}$$

철 + 싸이오글리콜산 → 메캅탄기 휘발되는 암모니아와 수소가스

(불용성)　　(수용성)

(2) 미용 화학제 처리 후 린스(after rinse)

과도하게 처리된 모발에 유분을 보충하기 위해 오일린스 또는 크림린스를 물에 희석하여 모발 마무리에 사용된다.

오일린스(oil rinse)

세발 후 모발에 유분을 보충하는 것으로 린스의 결함을 개선시킨 제품이다.

물과 친화성이 부족하여 얼룩이 생기기 쉽다. 유지에 비이온 활성제를 첨가하여 유화시켜 친수성의 크림으로 도포 시 모발에서의 균일한 작용을 한다.

tip 오일린스제

∘ 양이온 계면활성제를 배합했을 때 작용, 모발의 유연, 보습, 살균효과와 동시에 약산성(pH 5~6)으로서 중성샴푸 후 헹구는 린스제로서는 최상품이 된다.

∘ 제조회사에 따라 효과를 높이기 위해 고농도(3~5%)의 양이온 계면활성제를 배합시킨다. 헹구고 난 뒤에도 모발에 흡착 잔류하여 활성제의 축적작용이 지나쳐 유연해질 수 있다. 그러므로 부드러운 연모에는 사용을 피한다.

∘ 양이온 계면활성제가 눈에 들어갔을 경우, 각막을 손상시키므로 유아 사용 시 주의한다.

크림린스

◦ 모발표면에 흡착하는 화학적 특성을 가진 성분을 이용한 제품으로 물로만 헹구어서는 씻기지 않는다. 약간의 산성도가 있지만, 비누찌꺼기를 제거하는 효과는 없다.
◦ 유지류와 양이온 계면활성제, 양성 계면활성제가 주원료로서 식물 추출액 등 여러 가지 성분이 포함되어 있다.

모발에 유연, 광택, 빗질 등을 용이하게 한다.

산린스(acid rinse)

알칼리성을 중화시켜 모발 등전대를 유지시킨다.

0.5~2% 농도의 pH 3~4 정도로서 금속제거용으로 주로 사용된다. 물속의 칼슘(Ca)이나 마그네슘(Mg) 등과 비누의 응고성분을 용해시키므로 모발이 엉키는 것을 방지하고, 유연하게 하며, 윤기를 부여해준다.

중화작용

펌 또는 염모된 모발로 인해 알칼리화된 모발을 본래 등전가로 되돌린다.

수렴작용

알칼리 등으로 팽윤, 연화된 모발을 수렴시켜 탄력을 주거나, 광택을 주어 빗질을 좋게 한다. 또한 염모 후 색을 고정시켜 퇴색을 방지시킨다.

(3) 특수린스(special rinse)

린스는 물, 약산성의 색소, 약품이나 특수성분으로 이루어져 있다. 알킬기는 C16~C22의 사슬이 사용된다.

자외선차단 린스

자외선 흡수제가 배합된 린스제를 사용한다. 1일 2회 정도 린스를 사용한 후 헹굴 필요가 있다.

 산린스 성분

구연산(citric acid), 주석산(tartaric acid), 초산(acetic acid), 유산(lactic acid) 등이 사용된다.

자외선 흡수제로서 안식향산, 아이소프로피에터, 세틸산벤젠, 살리실산 페닐 등을 배합한 크림상이다. 피부보다 모발에 대한 친화력이 강하여 지속 성이 있지만, 피부와 비교해 모발의 효과는 길다.

- 일광방지 선스크린 효과는 길다.
- 펌 된 모발, 탈색모, 염모 등은 건강모에 비교하여 자외선에 민감하다.

대전방지 린스

모발표면에 피막을 형성하므로 염색 또는 펌 시술 전 사용을 금한다.

정전기 발생을 억제시키기 위해 양이온 계면활성제가 사용된다. 모표피 내 마찰을 방지하며, 먼지 등의 오염물질을 차단시킨다.

약용린스

두개피부에서의 비듬상태를 조절하기 위하여 약효성분을 첨가제로 사용 하였다.

색소린스

색소 고정제(color fix)로 모발 내 색상을 부분적으로 강조해주거나, 일시 적으로 색을 입혀 퇴색되는 색소를 보완시키기도 한다.

tip 색소린스제

○ 약한 염착반응을 가진 린 스제이다. 염모 후 수정 과 퇴색부에 대한 보정 을 위해 행해진다.
○ 염착력이 약하다. 샴푸 시 색소 린스의 염료는 완 전히 제거된다.
○ 음이온 염료이다. 모발표 면 흡착이 목적으로 건 조모에 사용된다.

2) 린스의 일반적 성분(General companent of rinse)

린스는 모발표면에 피지막을 만든다. 유연한 감촉과 자연스러운 광택을 주기 위해 유 성성분으로 지방분을 보급한다.

모발의 수분증발을 막아주고, 촉촉한 감을 준다. 빗질 시 마찰로부터 모발 을 보호하며, 매끄러움과 광택을 준다.

피지막 성분: 라놀린, 스쿠알렌, 유동파라핀, 지방산과 유도체, 고급알코 올, 에스터류 등 그 외 합성 유성성분으로서 실리콘류인 알파올레핀 올리

고머 등이 사용된다.

보습제: 글리콜류가 주로 사용된다. 그 외 글리세린, 폴리프로필렌글리콜, 올레인 에터, 모노부틸 에터 등이 있다.

글리세린: 모발에 흡착하여 헹굼 후에도 잔존해 보습효과가 있다.

수용성 고분자 물질: 보습효과에 의해 모발 보호작용이 있다. 점증제 또는 유화분산제로 응용되고 있다.

점증제 또는 유화분산제: 통상 린스제 중 0.2~2% 정도 첨가되나, 효과면에서는 비례한다. 건조 후 입자형성, 분리, 침전 등 안정성에 영향력을 준다. 폴리비닐피로리돈, 메틸셀룰로스, 하이드록시 에틸셀룰로스, 아크릴산 중합제 등이 있다.

양이온 중합체: 모발에서의 침전 두께를 형성하며, 살균력을 가지고 있다. 양이온 계면활성제에 기반을 둔 비이온 농후제의 조합이 요구된다.

자외선차단제: 250~320㎚ 범위에서 자외선 방사능을 흡수함으로써 차단이 이루어진다.

식물과 허브추출물: 향, 윤기, 부드러움을 첨가한다. 주로 로즈마리, 세이지, 카모밀레 등이 사용된다.

향: 대부분의 린스제는 특정한 향을 가지고 있다.

색상: 미용적 이유로 엷은 색을 첨가하여 사용할 수 있다. 모발에 하이라이트나 톤으로 작용한다.

4. 트리트먼트제(Treatment agent)

처리, 치유, 처치, 치료 등의 다양한 의미를 가진 트리트먼트는 모발에 수분과 유분을 보급하고자 한다.

두개피 트리트먼트(Scalp treatment)는 두개피부와 두발의 생리기능 정상화와 함께 혈행을 촉진시켜 탈모를 방지하는 역할을 한다. 특히 모발 트리트먼트는 모발 등전대가를 유지하여 모발을 보호하며, 더 이상 손상되지 않도록 하는 데 그 목적이 있다.

1) 트리트먼트제의 종류(Type of treatment agent)

> 손상을 받은 모표피의 회복은 단백질 성분의 흡착성을 이용함으로써 손상을 최저로 방지한다.

사용법에 따라 손상모 회복이나 방지에 사용하는 트리트먼트제나 모발손상 예방에 사용하는 트리트먼트제는 헹구어내는 방법이 다르다. 손상모에 대한 조처로서 강도, 탄력, 외관을 건강모에 가까운 상태까지 회복시킨다.

(1) 모발트리트먼트

모발보호 트리트먼트(hair conditioning treatment)

일상생활에서의 손상모 진행을 방지하고 일광이나 자외선에 의한 모발단백질 또는 염색모의 퇴색을 방지하거나 예방하기 위해 사용된다.

손상모 트리트먼트(reconditioning treatment)

> 케라틴과 콜라겐의 조절에 의해 모질조절이 가능하다.

◦ 세정 후 건조모 상태에서 단백질 분해물인 PPT 성분을 도포하면 흡수가 쉽다. 흡착 잔존량에 있어서 손상모에 PPT는 효과적이다.
- 다공성모일 때 PPT의 큰 분자가 침전됨으로써 모발력 강화에 효과적이다.
◦ 염모일 경우 PPT 침착은 색소입자 유출에 따른 퇴색방지뿐만 아니라 이중효과가 있다.
- 지모 예방에 효과적이다.

경모 연화 트리트먼트(softening treatment)

펌과 염색에서 손상을 받은 모발은 용제의 작용에 의해 모표피가 파손되고 그 밀착과 중첩이 느슨해져 간충물질도 고착력이 약해져 탄력성이 노화된다. 그 결과 촉감이 부드러워진 것을 느낄 수 있다. 알칼리에 팽윤된 단백질 성분을 흡수시키는 방법을 통해 손상됨을 처치하는 방법이 된다.

> 모발이 경화과정으로서 딱딱해지는 요인은 간충물질의 고착력이 강하고 비늘층 간의 밀착과 중첩됨이 많기 때문이다. 경모연화 처리법으로서 연화됨을 갖는다.

연모 경화 트리트먼트(body-up treatment)

연모는 구조적으로 전체적 섬유조직이 빈약하다. 모표피는 얇아 상호접착력이 약하며, 중첩 수도 적다. 모표질은 각화섬유세포가 얇게 내부를 충전하고 있어 원섬유를 구성하는 폴리펩타이드도 가늘어 비틀려 있어 간충물질 양 또한 적으므로 간격이 넓어져 있다.

> 연모 경화 트리트먼트는 모표피의 상호접착력을 높여주며, 모피질 내 간충물질을 채워준다.

축모교정 트리트먼트(straightened treatment)

섬유 간 고착력이 강해 탄력 있는 굵은 경모(coarse hair)와 탄력 없는 연모(fine hair)로 나뉜다. 약한 모발 대처방법으로 화학적 강화법에 따른 모발조직 간 고분자 물과 왁스류를 첨가시킴으로써 보완한다.

(2) 두개피부 트리트먼트

두개피부 보호 트리트먼트, 비듬방지 트리트먼트, 가려움방지 트리트먼트, 탈모방지 및 육모 촉진 트리트먼트 등이 있다.

2) 트리트먼트제의 유형(Type of treatment agent)

단백질 분해물(Photodynamic therapy, PDT)이 출현되기까지는 친수성 크림을 도포하는 것이 유일한 트리트먼트였다. 최근 모발표면에 유지분이 부착되더라도 스타일링에 영향을 미치지 않는 모발트리트먼트 크림이 개발되었다.

 구미인의 모발

모표피는 동양인에 비해 겹침이 적어 팁(tip) 간격이 넓다. 모피질은 얇고 길어 원섬유를 구성하는 폴리펩타이드는 비틀려서 방향이 바뀔 수 있는 염전성(捻轉性)이 강한 반면, 간충물질이 풍부하여 고착력이 강하다.

- 개발된 양이온 활성제는 양이온(+) 에 대전시킨 것으로써 음이온의 극성기가 많은 모발케라틴에는 잘 부착됨과 다소의 헹굼(plan rinse)에도 제거되지 않는다.
- 양이온 활성제에 배합된 유화된 유지류는 모발흡착 후 잔존 확률이 높다. 특히 모발 표면에서의 유지와 활성제 분자막을 만듦으로써 모발 내 마찰손상을 방지하고 자연의 색을 부여시킨다.

크림형

가장 많이 사용하는 타입으로서 크림상으로 만들어져 있다. 유화상태로서 사용하기에 편리하다. 손상 정도에 따라 양이온 계면활성제, 습윤제 등이 배합되어 있다. 사용 후에도 모발에 유·수분을 보급한다. 모발건조를 예방한다. 광태과 유연성을 주어 모발을 손상으로부터 보호하는 기능이 있다.

에멀션형

모발에 균일하게 도포됨으로써 사용에 편리하다.

액체형

앰플형으로 1인 사용량에 의해 간편하고 청량감이 있다.

에어로졸형

모발표면에 유분을 공급함으로써 광택과 모표피의 갈라짐을 방지한다. 실리콘, 라놀린유도체, 폴리펩타이드 등이 배합되어 있다.

건강모로 유지될 수 있도록 코팅역할과 동시에 사용이 간편하다.

● 요약

1. 모발의 손상은 외부 환경인자로서의 손질과정, 기후상 노출, 물·열을 이용한 서비스, 화학제 등과 함께 일상 손질과정인 샴푸, 타월 드라이, 젖은 모발 빗질 등에 의해서도 원인이 된다. 이러한 원인을 가진 모발에서의 처치방법으로 컨디셔너가 적용된다.

2. 컨디셔닝제는 바이타민, 단백질, 수분 등 여러 화합물질로 이루어져 있으며, 샴푸잉한 뒤 드라이 타월 후 도포되는 컨디셔너는 4가지로 분류된다. 즉 사용시간이 정해진 컨디셔너, 스타일링 로션에 혼합된 컨디셔너, 단백질 침투성 컨디셔너, 중화용 컨디셔너 등으로 도포 시 1~5분 정도 후에 물로 헹구어낸다.

3. 손상된 모발의 외관, 촉감, 풍부감, 매끄러움을 향상시키는 첨가물로서 모발 고유의 건강한 상태로 회복 또는 유지시키고자 함이 컨디셔닝제의 역할이다. 이러한 역할을 보완하기 위해 컨디셔너를 개발할 때 제조자들은 제품특성, 미적, 안전도, 가격요인 등에 따른 시장성도 고려한다. 즉 모발 컨디셔너 작용실험으로 빗질로서 세기측정, 반두실험, 대규모 시장조사 실험 등이다.

4. 컨디셔닝 배합물은 양이온 계면활성제와 지질 컨디셔닝제, 저분자량의 컨디셔닝제, 그 외 컨디셔닝 첨가제로서 구성된다. 양이온 계면활성제는 알킬아민, 이써옥시레이트아민, 제4급염, 알킬이미다졸린 등이 있으며, 다당류, 단백질, 실리콘 등의 양이온 중합체가 있다. 지질 컨디셔닝제는 지방과 지방산에스터, 왁스, 저분자량의 컨디셔닝제는 판테놀, 글리세린이 포함되며, 그 외 첨가물로서 농후제, 유화제, 향, 자외선 차단제, 식물과 허브추출물, 방부제, 색상 등이 있다.

5. 린스제는 세발 후 모발에 매끄러움을 부여하여 모발표면 상태를 정돈할 목적으로 사용되는 화장료이다. 불순물 제거린스는 비누가스를 제거하며, 금속분을 제거한다. 또한 미용화학제 처리 후 린스는 오일린스, 크림린스, 산린스가 있으며, 산린스는 중화작용과 수렴작용을 한다. 두발과 두개피부 각각으로 적용되는 트리트먼트제는 생리기능 정상화와 함께 모발에서의 유·수분 보급뿐만 아니라 탈모방지 역할과 함께 크림형, 에멀션형, 액체형, 에어로졸형의 유형을 갖는다.

● 연습 및 탐구문제

1. 두개피 컨디셔닝제에 요구되는 모발손상 원인에 관한 내용을 분류하여 설명하시오.
2. 컨디셔너의 종류와 역할 및 개발에 대해 구분하여 설명하시오.
3. 컨디셔닝 배합물에 속하는 화학물질을 분류하여 논하시오.

4. 컨디셔닝 첨가물에 대해 설명하시오.

5. 린스제의 종류와 성분 등을 구분하여 설명하시오.

6. 트리트먼트의 개념과 종류, 유형에 대해 설명하시오.

Chapter 6

두개피 육모요법 및 처치

● 개요

두개피 관리(scalp care)의 근원은 두개피부 관리로부터 시작된다. 탈모는 흔히 이렇다 할 해답이 없는 두개피 육모 관리에 있어서 총체적인 미용사의 문제이다. 즉, 두발의 발생과 생리, 형태에서의 외적 영향에 따른 병리적 문제뿐만 아니라 일상적인 라이프스타일로서 삶의 상황적 과정으로 균형 잡힌 식단과 식습관은 두발과 두개피부의 건강을 되찾아준다. 자연에서 생성되는 추출물을 약품 대신 사용함으로써 부작용 없이 건강과 질환의 기능을 유지시키거나 치유되는 것을 요법이라 할 때 식이요법과 자연요법으로 나눌 수 있다. 또한 혈액순환을 통해 기능을 높임으로써 발모, 발육촉진 및 탈모, 비듬, 가려움 등의 방지효과를 주는 혈행 촉진제, 국소자극제, 바이타민, 모근 재생제, 보습제 등이 있다. 두개피부 손질은 두발이 지나치게 빠지는 질환이나 비듬 등을 예방·치료하는 데 도움이 되며 건강한 두개피부의 기본은 청결이다. 두개피부 유형은 두개피부 조직의 반응 정도인 모누두상부의 상태 및 피지 분비량, 수분의 상태, 각질 상태 등에 따라 정상을 기준으로 건성, 지성, 지루성, 민감성 두개피부로 유형화된다. 두개피부 유형에 있어서 상태 및 진행 정도에 따라 의료계 또는 미용실에서의 처치가 요구된다. 고객 두개피에 관한 전문 지식과 제품, 기기활용을 통해 이루어지며, 시진, 문진, 촉진 등의 상담과 두개피 진단기를 통한 검진 등 실제적으로 진단된다.

● 학습목표

1. 두개피 관리 요법으로 자연요법에 대해 설명할 수 있다.
2. 육모 및 탈모 방지제에 대해 설명할 수 있다.
3. 두개피부 유형에 따른 탈모와 처치방법에 대해 비교하여 논할 수 있다.
4. 의료계와 미용실에서의 두개피 처치방법을 구별하여 설명할 수 있다.

● 주요용어

식이요법, 소펄메토, 아연, DHT, 5α-R, 아로마요법, 남성국소 치료제, 피나스테라이드, 증기욕, 정상 두개피부, 지성 두개피부, 지루성 두개피부, 민감성 두개피부, 스케일링, 스티머제

두개피 육모요법 및 처치
(Scalp hair growth and treatment)

1. 두개피 육모요법 및 관리(Scalp hair growth and care)

> ◦ 두발 건강 역시 음식에서부터 출발한다. 균형 잡힌 식단과 식습관은 두발과 두개피부의 건강을 되찾아준다. 실제로 서구화된 식습관 때문에 독두가 늘고 있다는 연구결과가 나왔다. 식단 비중에서 지방, 탄수화물, 단백질 그리고 당분의 비율을 잘 조절하면 남성 호르몬의 생성을 직간접적으로 조절할 수 있음을 나타낸다.
> ◦ 청결과 위생에 있어서도 샴푸와 린스가 없던 옛 여인들은 두발관리를 위해 창포 삶은 물에 두발을 헹구곤 했다. 중국에서는 녹차 우린 물에 목욕하고 두발을 감았으며, 각종 미용법과 목욕문화가 발달했던 고대 그리스와 로마에서는 허브를 즐겨 이용, 심신의 피로를 풀어준다고 알려진 각종 허브를 목욕물에 띄워 사용했다.

두발은 80~90%가 단백질로 이루어져 있다. 단백질은 동물성 단백질과 식물성 단백질로 나눌 수 있다. 두발은 식물성 단백질인 두부와 콩나물, 생선, 미역, 다시마, 호두, 땅콩 등을 섭취하는 게 좋다. 동물성 단백질을 지나치게 섭취할 경우 지루성 두개피부를 유발시켜 오히려 탈모를 유발시킬 수도 있다. 식물성 단백질에는 바이타민이 많이 들어 있어서 두발의 건강을 더욱더 강화시켜 준다. 바이타민 역시 건강한 두발의 필수요소이다. 바이타민 A가 부족할 시 두발이 건조해지고 윤기가 사라지며 심할 경우 탈모 증세도 나타난다. 특히 케라틴 합성 시 바이타민 D와 E는 길항작용을 한다. 바이타민 D는 손상된 두발을 재생시키는 효과가 있으며 바이타민 E는 말초혈관의 활동을 촉진함으로써 혈액순환을 돕는다. 혈액순환이 잘 되면 두발 건강에도 도움이 된다. 특히 녹차는 카테킨(catechin)이라는 물질이 여러 안정 효과 이외에도 '5α-환원효소'를 억제하는 효과를 지니고, 프로페시아와 비슷한 메커니즘으로 DHT 생성을 억제한다.

1) 두개피 관리 요법
건강한 두발을 유지하고 탈모를 예방하기 위해서는 두개피부 관리로부터 시작된다. 두개피부에서의 과다 피지분비, 비듬 또는 염증이 있으면 탈모 증세까지 동반할 수 있다. 가장 손쉬운 두개피부 건강은 올바른 세발법으로 샴푸는 두발은 물론 두개피부를 깨끗하게 하는 공법이다. 지나친 탈모는 독두가 되는 것으로서 독두를 유발하는 탈모는 샴푸 정도에서 해결되지 않는다.

탈모는 흔히 이렇다 할 해답이 없는 두개피 육모 관리에 있어서 총체적인 미용사의 문제이다. 즉, 발생과 생리, 형태에서의 외적 영향에 따른 병리적 문제뿐만 아니라 일상적인 라이프스타일(lifestyle)까지 인생 전반에 관한 삶에 있어서 상황적 과정이다. 그러므로 대체요법뿐만 아니라 약물요법까지 두루 망라하는 범주를 지닌다. 두발을 오랫동안 세척하지 않으면 두개피부에 피지 등의 노폐물이 쌓이게 되어 지루피부염이나 모낭염 등에 걸리게 된다. 그럼으로써 탈모가 진행되는 것이다. 환경오염 역시 탈모현상에 영향을 끼친다. 대도시는 공기 오염이 심한 매연이나 산성비, 열, 자외선 등에 노출되어 있다. 모발 케라틴은 열과 산성에 특히 약하며 여름철 자외선과 함께 산성도가 높은 비나 눈을 직접 두개피에 맞지 않도록 주의해야 한다. 자외선은 두발성장을 촉진시키기도 하지만 너무 강하면 수분을 빼앗아 퇴색과 건조함의 원인이 된다.

(1) 식이요법(dietetic therapy)

영양학자들은 흔히 인간을 가리켜 '먹는 음식 그 자체'라는 표현을 즐겨 쓴다. 인간의 신체는 각 개인이 어떠한 것을 섭취하느냐에 따라 그 결과물로 존재하는 물질 덩어리이다. 음식물은 삶과 함께한다.

두발 역시 음식물을 반영한다. 동물성 지방의 비중이 높은 식사형태는 체내에서 남성 호르몬인 테스토스테론 농도를 높이는 것으로 아울러 여성 호르몬 분비도 촉진시킨다.

남성 호르몬의 혈중 농도가 높아지면 모낭과 '5α-환원효소'가 많이 분포하고 있는 수용체인 피지선에서 DHT로 변환되는 비율이 높아진다. 이외에도 남성 호르몬은 피지선을 활성화시키는 직접적인 작용을 함으로써 위의 현상을 더욱 악화시킨다.

남성의 유방 확대 현상

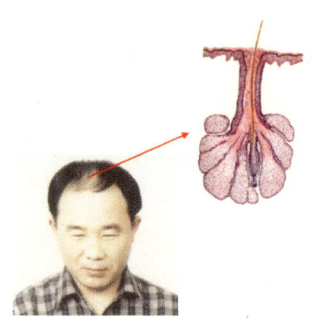

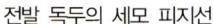

전발 독두의 세모 피지선

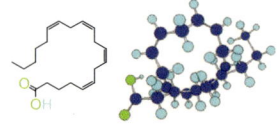

아라키돈산

독두 경우에는 탈모된 부위의 피지선들이 탈모되지 않은 부위의 피지선보다 크기도 크며 활동도 더 왕성하다.

그러므로 더 쉽게 DHT의 영향을 받게 된다. 이런 연유 때문에 초기나 중기 단계의 독두인 사람은 두개피부에 기름기가 많이 끼는 현상을 경험한다. 특히 남성 호르몬에 영향을 많이 주는 호르몬으로는 췌장에서 분비되는 인슐린이 대표적이다. 이는 몸의 모든 기본적인 기능을 조절하는 아이코사노이드(eicosanoid) 계통의 호르몬들에 있어 영향을 준다.

인슐린은 우리 몸 속 당분의 혈중 농도를 조절하는 중요한 호르몬이다. 이 호르몬에 문제가 생기면 당뇨가 생긴다. 또한 인슐린은 호르몬의 기본구성 성분 중 아라키돈산(arachidonic acid) 생성을 조절하는 기능도 있다. 이 아라키돈산은 남성 호르몬을 이루는 성분으로 그 생성을 조절하면 남성 호르몬의 생성을 조절할 수 있는 결과를 초래한다. 아이코사노이드는 내분비 호르몬과 세포 간의 정보전달을 증진시킴으로써 호르몬의 균형을 나타낸다. 약품으로 공급되지 않는 아이코사노이드 물질은 생선류의 지방이나 올리브유에 많이 들어 있다.

반면 탄수화물의 과다 섭취는 호르몬 체계의 정보전달을 약화시킨다. 혈액 속에 있는 과다한 당이 아이코사노이드를 파괴하고 균형을 깨트린다. 그러므로 인슐린이 너무 과도하거나 너무 낮지 않게 조절할 수 있는 식단의 비중에서 지방, 탄수화물, 단백질 그리고 당분의 비율을 잘 조절하면 인슐린 분비, 아이코사노이드 호르몬의 분비를 균형 있게 하여 남성 호르몬의 생성을 직간접적으로 조절할 수 있다는 결론에 도달한다.

① 영양 식이요법

사람마다 체질의 특성이 다르기 때문에 정석이 있을 수는 없지만 일반적인 사항을 제시하고자 한다.

지방: 동물성 기름의 포화지방산은 호르몬 작용을 방해한다. 그러므로 식물성 기름류의 불포화지방산을 섭취해야 한다. 참깨 기름, 달맞이 꽃 기름, 올리브기름, 낙화생 기름(땅콩기름) 등이 여기에 속한다.

단백질: 생선, 껍질이 제거된 닭고기, 기름기를 제거한 살코기 등 순수한 동물성 단백질이나 콩류의 식물성 단백질이 좋다.

탄수화물: 과일, 채소, 콩류 같은 복합 식물성 탄수화물이 도움이 된다.

그러나 감자, 밀가루 음식인 빵, 파스타, 순수한 쌀밥 등은 섭취되면서 곧바로 당분 형태로 흡수되므로 인슐린 분비를 촉진시키는 역할을 한다.

② 민간 식이요법(folk remendies)
옛날부터 민간에게 전승되어 내려오는 것으로 우리 조상들은 독두 치료에 흑임자(검은깨) 또는 생식을 이용하는 방법을 많이 사용했다.

깨 기름을 이용한 관리방법: 샴푸잉 하기 전에 순수한 깨 기름을 두개피부에 골고루 잘 바른 뒤 두개피를 잘 마사지하면서 기름이 두발 전체에 골고루 퍼져 흡수될 수 있도록 한다. 그런 다음 따뜻한 타월로 두개피를 감싸고 30분에서 한 시간 정도 놔둔 뒤 따뜻한 물로 씻어내고 샴푸잉을 한다. 일주일에 한 번에서 두 번 정도 시행하면 좋다.

깨 기름에 생강을 이용한 관리방법: 생강을 갈아서 거즈에 싼 후 생강즙을 만든다. 그 뒤 생강즙을 깨 기름과 1 : 1 비율로 섞어서 두개피에 골고루 잘 바른 뒤 손으로 약 10분간 잘 문지른 후 샴푸잉을 한다. 이는 염증이 심한 경우에 도움이 되는 방법으로 만약 생강의 자극이 너무 심하다면 생강즙의 양을 줄여서 농도를 엷게 사용하는 것이 좋다. 마찬가지로 일주일에 한 번에서 두 번 정도 시행한다.

생식을 이용하는 방법: 생식 연구자들은 우리 신체 중 머리털을 담당하는 기관은 신장, 방광이라 한다. 신장과 방광이 머리털을 관장하는 데 있어서 가장 중요한 기능은 방광경락을 통해 두개피 끝까지 충분한 소금기를 공급하여 그에 따라 물기가 올라가면서 피 속의 영양분이 함께 따라 올라간다고 한다. 그래야 두개피 내 피부온도가 따뜻해지고 혈액순환이 잘 되어 모근으로의 영양이 삼투압 작용으로 잘 통한다는 설을 내세운다.

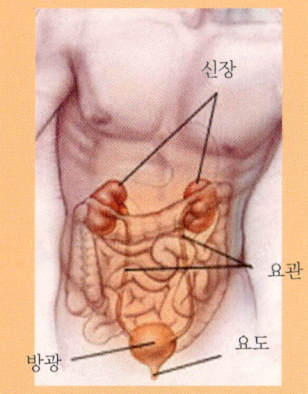

신장과 방광

(2) **자연요법**(naturopathy)

1992년 보건국(NIH) 산하에 '대체 의학 연구실'이 설립되었다. 자연에서 나는 추출물을 약품 대신 사용함으로써 부작용 없이 병을 치료하는 요법으로 요즈음에 많은 주목을 받고 있으나, 자연 추출물에 대한 체계적인 분류와 효능, 안정성에 대한 연구가 많이 이루어져 있지 않은 상태에서 사용하기에 미심쩍거나 꺼려지는 부분이 있을 수 있다.

소펄메토(Sawpalmetto or serenoa repens)

소펄메토

야자수의 일종으로 잎이 마치 톱 모양과 같다 하여 '톱야자'라 한다. 이 열매의 추출물은 전립선 비대, 독두에 따른 탈모를 막는 데 효과가 있다는 것이 입증되어 있다. 하루에 160mg짜리 캡슐 형태 제품을 2회 복용하였는데 열매 자체 형태는 효과가 없는 것으로 알려져 있으며 우리나라에서는 어떤 형태로든 공식적으로는 구할 수 없다는 단점이 있다.

녹차(Green tea)

녹차

녹차에는 카테킨(catechin)이라는 물질이 들어 있는데 이 카테킨은 여러 안정 효과 이외에도 '5α-환원효소'를 억제하는 효과를 지니고 있다고 알려져 있다. 따라서 프로페시아와 비슷한 메커니즘으로 DHT 생성을 억제한다. 이때 녹차 형태는 잎 그 자체로 또는 자연상태로 미세하게 간 형태가 가장 효과적이고, 검게 발효시킨 말린 형태는 효과가 떨어지는 것으로 알려져 있다.

피지움(Pygeum africanum)

피지움

아프리카에서 자라는 상록수에서 추출되는 물질로 '5α-환원효소'를 억제하는 효과가 있어 유럽에서 전립선 치료와 남성형 탈모 치료에 많이 사용된다. 캡슐 형태로 하루에 60~500mg 정도를 복용하도록 되어 있다. 소펄메토와 비슷한 작용을 하며 두개피에서 DHT 작용을 감소시켜 두발성장을 촉진시키며 항염작용도 한다.

아연(Zinc)

연구결과 아연은 5α-환원효소, 남성 호르몬의 활동 그리고 DHT가 모낭에 작용하는 기전을 모두 억제하는 효과가 있음이 밝혀졌다. 사용은 아연 피콜린산(Zinc picolinate)의 캡슐 형태로 복용하는 것이 가장 효과적이며 하루에 60mg 정도 복용한다. 이런 아연 성분은 샴푸 등에도 응용되는 경우가 많이 있으므로 샴푸제 구입 시 체크해 보아야 한다.

필수지방산

달맞이꽃

열매나 꽃에서 추출하는 불포화 지방산 등도 전립선 비대나 남성형 탈모 과정을 어느 정도 억제하는 효과가 있다고 알려져 있다. 특히 그중에서도 프로스타글란딘은 호르몬과 같은 다양한 생리활성 물질로서 달맞이 기름이 갖는 불포화지방산인 γ-라놀린산(gamma-linolenic acid)을 추출한 정유를 이용한다.

요즘 우리나라에서도 달맞이 종자유를 캡슐화 형태로 나왔기 때문에 복용하기 좋게 되어 있다. 이 지방산은 항염효과도 뛰어나며 피부과에서는 아토피성 피부염이나 건선 등의 치료제로도 사용하고 있다. 이런 항염효과 또한 염증이 많은 탈모가 있는 사람에게 도움이 된다. 생선에도 라놀린산이 많이 있으므로 고등어 같은 등푸른생선을 많이 먹는 것도 도움이 된다. 민간요법에서는 참기름을 바르면 탈모에 효과가 있다고 전해져 내려온다.

바이타민 제제

바이타민 B복합제, C, E가 도움이 되며 반면 바이타민 A의 과복용은 오히려 탈모를 초래할 수가 있다.

기타

이 밖에도 스트레스를 줄이는 각종 아로마 치료, 마사지치료, 족탕기를 이용한 족욕과 좌욕기를 이용한 좌욕, 반신욕 등을 적절하게 이용하면 탈모방지와 성장에 도움이 될 수 있는 것으로 알려지고 있다.

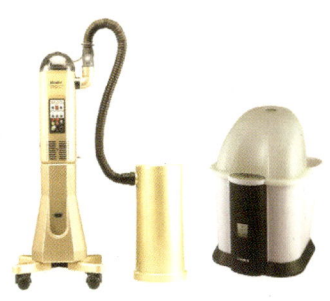
좌욕기와 족욕기

(3) 아로마 요법

아로마(aroma)는 약용식물에서 추출되는 오일 형태의 탄화수소 화합물로서 주로 정유 수지 그 외 다른 식물성의 방향성 산물에 의해 얻어진다. 이는 테르펜 계열(terpene, $C_{10}H_{16}$), 불포화 지방산, 미네랄 등을 풍부하게 함유하고 있다.

100% 순수한 천연오일인 정유는 휘발성이 강하고, 알코올과 유화제, 지방에 잘 녹는 아주 미세한 분자로 구성되어 피부 속에 쉽게 흡수됨으로써 지방조직에 작용한다. 또한 각각의 정유에는 각기 다른 독특한 생명력과 치유능력을 가지고 식물의 살아 있는 기(氣)로서 체내 흡수가 잘 되는 특성과 함께 인체 호르몬과 같은 작용을 한다. 즉, 체내 화학 작용으로서 혈류에 방향(aroma)이 침투된다. 침투된 정유는 호르몬과 효소에 반응된다. 인체에서의 흡수는 피부, 신경계, 내분비계, 순환계, 소화기계, 호흡기계 등에 따라서 오일성분은 효능을 발휘한다. 두개피 마사지 시 3% 이하로 희석된 정유를 사용한다.

① 두개피 적용 아로마

라벤더(lavender)

보라색의 작은 꽃잎에서 추출한 에스터 성분으로서 정신적인 안정에 따른 편안함과 경직된 근육완화, 원기회복, 면역증강에 효과적이다. 따라서 모든 두개피 타입에 적용 가능하다.

라벤더

로즈마리(rosemary)

국소적으로 오일을 발라 사용할 수 있으며 모세혈관을 보호하며 산소와 영양공급을 도와준다. 자극과 수렴효과가 있어 육모증진, 두개피의 혈액순환 및 두발 내 보습효과를 준다.

로즈마리

로먼 카모마일(roman chamomile)

작은 들국화 모양의 꽃에서 추출되며 에스터 성분으로 진정, 수렴, 소화촉진 등에 효과적인 민감성 두개피에 좋다.

로먼 카모마일

세이지(sage)

천연 방부제인 타이몰(thymol)을 함유하여 방부작용과 수렴작용을 한다. 두발 린스제로 사용하면 비듬을 제거한다.

세이지

티트리(tea tree)

두개피부에 흡수되어 세균과 곰팡이를 억제시키고 비듬과 두개피 질환을 개선하며 조직의 재생을 도와준다.

시트러스(citrus)

라임, 자몽, 레몬 같은 감귤류 식물의 총칭으로 상큼하고 시원한 향이 나며 소화를 촉진하고 기분을 상쾌하게 맑게 한다. 따라서 정신적인 안정효과가 있다. 가슴 두근거림과 불면에 효과적이며 지성 두개피 관리에 안전한 향이다.

티트리

시트러스 계열

② 아로마 효과

몸에 대한 주된 작용은 피부기능을 진정시키고 자극하여 보조하는 효과를 가지고 있다. 피부의 세포생장과 노화세포의 제거를 활성화시키며 피지생성을 정상화하고 노폐물 제거를 돕는다.

③ 주의

정유는 향기성분이 인체에 흡수됐을 때 생리학적 효능을 갖고 있는 백여 종류의 화학적 구성성분으로 혼합되어 치료성분이 되기도 한다. 그러나 고혈압과 간질 증세가 있는 사람은 피해야 한다.

④ 안드로젠 유전성 탈모증의 약제요법

> 안드로젠 유전성 탈모증(androchronogenetic alopecia)을 남성 탈모증이라 한다. 이는 남성 호르몬이 많이 분비되어 탈모가 되는 경우도 있지만 남성 호르몬이 정상적으로 분비된다 하더라도 탈모 부위에 있는 남성 호르몬 수용체의 기능이 강화됨으로써 증상이 나타나기도 한다.

연모의 존재 유무, 탈모 정도에 따라 내복약 또는 국소도포 약제는 다음과 같다.

A. 미녹시딜(minoxidil, 6-(1-piperidinyl)-2, 4-pyrimidinediamine 3-oxide, $C_9H_{15}N_5O$)

일차적으로 소동맥에 장시간 작용하는 강력한 경구용 혈관확장제로서 항고혈압제로 사용된다.

미녹시딜은 피리미딘 유도체(metadiazine, $C_4H_4N_2$, 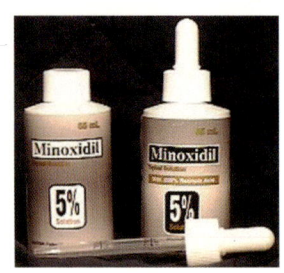)의 일종으로서 가장 먼저 사용된 탈모 치료제이다. 현재 시판되고 있는 2~5% 미녹시딜은 20% H_2O에 녹인 용액으로서 60% 에탄올(ethanol), 20% 프로필렌글리콜(propyleneglycol)이 포함되어 있다. 이는 남성 국소치료제와 여성 국소치료제로 구분하여 살펴볼 수 있다.

5% 미녹시딜

ㄱ. 남성 국소 치료제 미녹시딜의 기전(mechanism of minoxidil)

모낭 배양실험에서 칼슘 존재 시 모낭의 성장이 표피성장인자(epidermal growth factor, EGF)에 의해 억제되므로 미녹시딜에 의한 칼슘농도 저하는 표피성장인자에 의한 모낭성장 억제 효과를 저해한다고 추측하고 있다.

미녹시딜이 모발 성장을 촉진시키는 기전은 현재 명확하지 않다. 미녹시딜 복용 시 표피나 진피보다 모낭에서 활성대사 산물인 미녹시딜 황산염(minoxidil sulfate)으로 전환되어 칼륨(K) 통로를 열어 세포 내 칼슘(Ca) 농도를 낮춘다.

미녹시딜 적용범위

이는 다음과 같은 경우에 있어서 그렇지 않은 경우보다 더 나은 적용 범위를 가진다.

∘ 모발이식환자에게 치료법으로 사용 5% 미녹시딜 6개월간 사용한다.
∘ 40세 이하의 두개영역 50% 이하에 적용한다.

∘ 탈모 시작 유병기간이 10년 이하인 경우에 사용한다.

∘ 두개피 직경 10 ㎝ 이하의 작은 병변인 경우에만 사용한다.

∘ 길이 1㎝ 이상의 축소형 미세모발(miniaturized hair)이 남아 있는 경우에 사용한다.

임상에 있어서 미녹시딜은 모든 연령에 대한 남성형 탈모의 진행을 정지시키거나 완화시킨다.

미녹시딜 효과

두개피에 장기간 도포 시 점차 새로운 두발의 성장효과는 감소한다. 반면 도포를 중단하면 급속히 탈모가 진행되어 4~6개월 후에는 두개피 모발에 있어서 도포과정의 치료 이전 상태 또는 그보다 악화된 상태로 돌아간다.

∘ 미녹시딜 약효는 꾸준히 도포 시 6~12개월 이후 두발성장에 따른 효과는 최대가 된다.

- 전두부는 효과를 보기 어렵지만 두정부의 경우 효과가 크다.

∘ 남성형 탈모의 경우 5% 미녹시딜이 2% 미녹시딜보다 효과는 크다.

- 그러나 농도를 5%보다 더 이상 높인다 하여 두발성장이 좋아지지는 않는다.

∘ 도포 횟수에 있어서는 하루에 두 번 매일 사용한다.

- 미녹시딜은 두개피부 조직 내에 축적되기 때문에 횟수 증가는 전신 흡수 또는 치료 효과를 증진시키지 않는다.

- 하루 한 번 도포보다 하루 두 번 도포가 다모증 유발률이 높다.

ㄴ. 여성 국소 치료제 미녹시딜

임상적으로 미녹시딜 효과는 남성보다 여성에서 더 높다. 이는 모간 두께 증가 효과가 두발이 긴 여성에서 더 잘 나타난다는 보고가 있다.

∘ 미녹시딜은 한 번 도포 시 약 1 ㎖를 적용시키나 손가락으로 가볍게 문

tip 미녹시딜의 효과

다른 기전으로서 혈관내피성장인자(vascular endothelial growth factor, VEGF)와 그 수용체의 발현을 증가시켜 결과적으로 혈관생성에 따른 모낭변이의 생장기를 촉진시킴이 추측된다. 최근 연구에서 미녹시딜은 모유두, 모구부, 외모근초, 진피층 내 결합조직 섬유세포 등에서 DNA 합성에 따른 모주기 생장기 연장과 연모에서 경모로의 전환에 효과를 나타내었다.

질러 두개피부에 바른다.

- 따라서 여성을 위한 안드로젠 유전성 탈모증 국소치료에는 2% 미녹시딜만이 미국 식품의약국(FDA)에 승인된 약제이다.

미녹시딜 사용시 주의사항

> 미녹시딜 성분 중 프로필렌글리콜의 매개체물(vehicle)에 의해 발생된다.

2~5% 미녹시딜은 심혈관계 등에 대한 전신적 부작용은 없으나 두개피부 건조, 가려움, 홍반 그 외 아주 드물지만 알레르기 접촉 피부염 등의 국소자극 반응을 갖는다. 이러한 부작용은 2% 미녹시딜의 경우 전체 사용자 중 약 7% 정도 나타난다.

2% 미녹시딜

tip **미녹시딜 사용시 주의점**

다모증 발생의 경우 남성보다 여성 쪽에서 빈도가 높으며 2% 미녹시딜의 경우 3~5% 정도 발현된다. 그러나 계속하여 미녹시딜을 사용할 경우 1년 후 다모증세는 호전되나 미녹시딜 도포를 중단할 시 1~6개월 후에 본래 상태로 회복된다.

B. 피나스테라이드 및 프로페시아(finasteride & propecia)

> 피나스테라이드는 전립선 비대 환자 치료에 사용되던 중 부작용에 의해 머리털이 생성되었다. 그 후 1997년 미국 식품 의약국으로부터 남성형 탈모증 환자 치료에 대한 약효와 안정성을 인정받았다.

프로페시아는 피나스테라이드 1㎎을 사용함으로써 테스토스테론이 5α-환원효소에 의해 DHT로 전환됨을 이용한 5α-환원효소의 저해제로 사용된다.

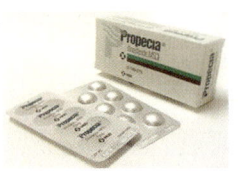

프로페시아

호르몬 영향

피나스테라이드는 제2형 5α-환원효소에 대한 선택적 억제제로서 말초부위에서 DHT 전환을 억제시켜 혈청 및 조직에서의 농도를 현저히 낮춰준다. 0.05% 피나스테라이드 국소제재는 두개피부를 통해 잘 흡수되어 혈청 DHT 농도를 최고 40%까지 낮추었으나 모발성장 효과는 미지수이다. 따라서 약물이 탈모 유전자에 대해서는 영향을 미치지 않음이 평가된다.

치료효과

두개피 두정부와 앞이마 발제선에서 진행되던 탈모가 프로페시아를 투여한 3개월 후 경에 탈모속도가 느려지고 두정부의 두발이 유지되거나 증가되었다. 지속적인 효과를 위해서는 계속 투여해야 한다. 치료 중단 후 12개월 이내에 좋은 효과는 사라진다. 새로 난 굵은 두발도 6~12개월 내에 다시 가늘어지면서 0.03㎜ 정도의 얇은 솜털(vellus hair)로 바뀐다.

주의사항

투약 1년 이내에 치료 성과가 없다면 더 이상의 치료는 바람직하지 않다. 임신 중이거나 임신 가능성이 있는 여성은 복용 시 5α-환원효소의 억제작용이 모태 내 남아일 경우 외부 생식기 이상을 초래시킬 수 있다.

2) 육모 및 탈모 방지제

육모제는 알코올 수용액에 각종 약효성분을 첨가한 외용제로 두개피에 사용하여 두개피부 기능을 정상화시킨다. 두개피부의 혈액순환을 촉진시켜 모낭의 기능을 높여 발모, 발육촉진 및 탈모, 비듬, 가려움증의 방지 효과를 갖는다.

(1) 종류

육모제는 약효성분의 종류 및 배합량과 효능효과의 차이에 따라 화장품, 의약부외품, 일반용 의약품, 의료용 의약품 등 4종류로 나눌 수 있다.

◦ 화장품의 육모제 효능 - 비듬, 가려움증 방지, 탈모의 예방에 있다.
◦ 의약부외품 효능 - 두발생육촉진, 발모촉진, 육모, 양모, 박모, 비듬, 가려움, 탈모의 예방에 있다.

(2) 육모제의 약효성분

미용사들은 주로 탈모가 진행된 고객을 맞이하게 된다. 치료의 목적보다 예방하고 더 이상 진척되지 않도록 하는 게 현재 미용실에서 할 수 있는 방법이다. 이는 관리에 따른 처치과정으로서의 개념에 의해 시도되어야 한다.

육모제는 기본적으로 혈행을 증진함으로써 성장을 촉진하는 것을 목적으로 한다. 그러므로 혈액확장제, 영양보조제로서 각종 바이타민, 아미노산 외에 자극제, 항염증제, 살균제 등을 배합하여 상품화된다.

① 혈행 촉진제

웰치노겐(swertinogen): 피부 모세혈관의 혈행을 촉진, 모기질 세포에 에너지를 공급한다.

세파란틴(cepharanthin): 혈관 확장 작용이 있다.

바이타민 E: 직접 투여에 의해 모세혈관 및 피부혈관계에 작용 혈행을 촉진시킨다.

니코틴산 벤젠: 혈행을 촉진시킨다.

② 국소 자극제

> 모유두 및 모낭 주변의 모세혈관 순환 장애 등에 의한 모기질 세포 주변 영양 보급은 바이타민류나 아미노산류를 공급해야 한다.

고추틴트: 매운맛 성분인 켑사이신(capsaicin)이 모근을 자극하여 발모를 촉진한다.

생강틴트: 자극성분인 진저론(zingerone), 쇼가올(shogaol)이 모근을 자극시켜 발모를 촉진시킨다.

지용성 바이타민으로서 바이타민 A, B, B_2, B_6, E 및 그 유도체, 수용성 바이타민으로서 판토텐산(pantothenic acid) 및 그 유도체, 비오틴(biotin) 등이며 아미노산류로서 시스틴, 시스테인, 메티오닌, 세린, 로이신, 트립토판, 아미노산 추출물 등이 사용된다.

여성호르몬: 탈모는 남성호르몬의 영향을 받으므로 이에 길항작용으로 에스트라디올(항지루성의 작용), 에티닐에스트라디올 등의 여성 호르몬을 배합시킨다.

모근 재생제: 판토텐산 및 그 유도제, 일란도인, 김굉소 등이 있다.

보습제: 글리세린, 피롤리돈카본산 등은 두개피부의 건조를 예방하는데

tip 탈모증의 원인

남성 호르몬에 직접적으로 관련되므로 이를 억제하는 목적으로 여성 호르몬을 배합할 때도 있지만 이는 특히 부작용이 있으므로 극히 소량만을 넣어야 하는 제한을 가한다. 최근에는 생약 추출물이나 신소재에 의한 육모제의 연구가 활발하다.

효과가 있다.

비듬, 가려움 제거: 살리실산, 유황, 레조신, 황화세린, 글리세라이드산 및 그 유도체, 멘톨 등 두개피부의 염증을 예방한다.

(3) 육모에 따른 증기법

쇠퇴되고 있는 모낭에 재생작용과 혈류촉진을 위한 영양성분을 보급하기 위해 보조되는 기기관리 방법은 육모에 따른 탈모를 예방시킬 수 있다. 헤어 스티머인 힐러 클린(Healer Clean)은 우리나라 '은혜미용연구소(대표 김복동)'에서 개발시킨 저농도의 오존(O_3) 효과를 지닌 두발 스팀기이다.
힐러 스팀기는 피부 보습, 가습, 공기청정, 악취제거 등과 함께 육모관리뿐만 아니라 hair perm, hair colour, hair treatment 등의 처치에 사용되는 미용기기로 개발했다. 이는 100℃ 끓는 물을 42~45℃의 스팀으로 전환 방출됨으로써 초미립자(μ)의 작은 입자가 적용된다. 초미립 입자는 두개피 내 모누두상부를 열어주어 산소 고갈된 모근에 산소를 공급시키고 또한 보습시킴으로써 혈액순환과 신진대사를 촉진시킨다. 또한 공기 중에 부유하는 유해물질을 오존의 강력한 산화력을 통해 즉시 분해, 결합하여 실내 공기오염을 줄임으로써 인체 내 활력을 준다. 즉, 세균번식 억제기능과 유해가스 분해 등의 기능을 갖는다.

탈모 원인 대책으로서는 모기질 세포의 활성화에 따른 모유두 내에 영양과 산소가 원활히 공급되어 혈행을 촉진시킬 수 있는 방법론이 요구된다.

은혜미용연구소

육모 증기욕 치료법의 효과
∘ 두발을 부드럽게 하며 두개피부를 유연하게 한다.
∘ 땀의 분비를 촉진시켜 피지 농도를 옅게 하거나 배출을 증대시킨다.
∘ 두개피부의 피부온도를 상승시켜 혈관을 확장, 혈액의 순환을 촉진, 모근의 영양보급을 증대, 모기질 상피세포 분열을 활성화시켜 발모를 촉진한다.
∘ 발모 촉진제의 피부 침투력을 증대시킴으로써 발모촉진 효과를 높인다.
∘ 저농도 오존은 냄새 원인 물질과 결합하여 방향이 갖는 냄새입자를 불활성시키거나 다른 물질로 변화시켜 악취

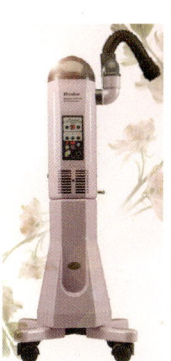

헤어 스티머

제거 효과가 있다.

◦ 이완된 신경근육에 작용하여 심리적 피로 회복을 높여준다.

두개피부와 두발에 대한 효과

◦ 두발과 두개피부 각층의 수분 함유량이 높아져 두발은 부드러워지고 두개피부는 유연하게 된다.

◦ 두개피부 온도상승에 있어서 평균 40℃ 전후가 되면 혈관이 확장된다.

- 이때 두개피부와 모근에서의 혈행에 따른 영양과 산소보급이 양호해진다.

◦ 한선, 피지선의 움직임을 촉진시켜 땀, 피지의 분비를 높인다.

◦ 외용제에 대한 경피 흡입능력이 증대한다.

◦ 국수욕의 효과로 대후두 신경, 소후두 신경과 근육의 흥분을 높여 그 기능을 증진한다.

◦ 진정효과가 있어 스트레스가 갖는 병적 기능을 제거함으로써 피로회복, 조직세포의 재생이 촉진된다.

외용제의 경피 흡입효과

◦ 피부온도 상승작용을 한다.

◦ 피부 혈류량의 증대시킨다.

◦ 발한의 증대를 돕는다. 모구의 확장을 돕는다.

◦ 피부 pH를 알칼리성으로 이행한다.

혈관, 혈액순환의 온열효과

◦ 온열효과로 인해 피부혈관을 일과성으로 촉진하여 그 후 확장하여 피부의 충혈을 일으켜 혈액의 순환을 잘 되게 한다.

- 혈류의 경로로 관이라는 것은 혈액을 심장에서 조직으로, 조직에서 심장으로 보내는 관을 말한다.

- 이때 심장 → 동맥 → 말초혈관 → 정맥 → 심장의 순환을 원활히 해준다.

◦ 혈액의 순환속도는 혈액이 전신을 일주하는 시간은 대략 50~60초이다.

- 혈압-혈액이 심장에서 심장압에 의해 혈관으로 보내진다.

- 그 혈액인 혈관벽에 끼치는 압력을 혈압이라 한다.

성인남성 30세 기준 - 최저 77~최고 123㎜Hg

성인여성 30세 기준 - 최저 73~최고 116㎜Hg

사용 시 주의사항

혈압 180㎜Hg 이상의 사람, 신장에 질환이 있는 사람, 발열, 외상, 접촉 피부염이 있는 사람, 3세 미만의 유아는 피한다.

2. 두개피 유형 탈모 및 처치(Typical hair loss of scalp and treatment)

두개피부 처리 시 고객준비(preparation of patron for scalp treatment)는 다른 미용 서비스와 마찬가지로 먼저 두개피부 처리의 종류에 따라 필요한 모든 기구를 준비한다. 적절한 드레이핑과 헤어핀, 귀걸이 등을 모두 제거한 후 엉킨 두발을 풀어 두발을 브러싱해준다. 이때 질 좋은 천연모로 만든 브러시로 적당히 브러싱해주면 두개피부를 자극하여 혈액순환이 원활해질 뿐만 아니라 두발의 먼지와 오물이 70% 정도 제거되면서 윤기가 재생된다. 이러한 브러싱은 모든 두개피부 처리의 가장 기본적인 단계이다. 두개피 마사지(scalp manipulation)는 모든 두개피 처리와 똑같은 방법으로 실시되므로 미용사는 두개피를 자극하거나 고객의 긴장을 완화시키는 연속적이고 반복적인 동작을 익혀야 한다. 두개피 마사지는 연속적으로 실시해야 가장 효과가 크다. 정상 두개피에는 1주일에 한 번, 특히 두개피 질환이 있는 경우에는 피부과 전문의 지시에 따라야 한다.

두발과 두개피부의 건강과 아름다움을 유지하는 스켈프 트리트먼트는 두발이 지나치게 빠지는 질환이나 비듬 등을 예방·치료하는 데 도움이 된다. 건강한 두개피부의 기본은 청결로서 두개피부와 두발을 자주 손질(관리)하고 샴푸잉하여 청결하게 유지해야 한다. 일단 두개피부가 청결하면 질환에 대한 저항력과 혈액의 순환을 활발하게 해준다. 그럼으로써 신경을 이완·진정시키며, 근육과 두개피부선의 활동을 자극하여 좀 더 유연하게 만들어 두발의 성장과 건강을 유지하도록 도와준다.

1) 두개피부 유형

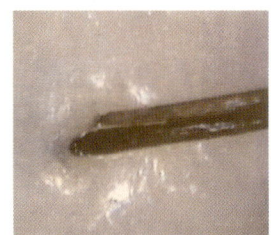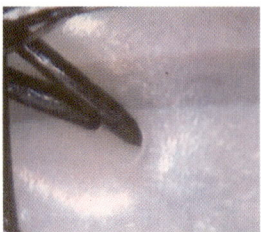

정상 두개피

두개피 유형은 두개피부 조직의 반응 정도인 모누두상부의 상태 및 피지 분비량, 수분의 상태, 각질 상태 등에 따라 구분한다. 두개피 탈모 진단에 의하면 건강한 두개피는 피부표면이 맑은 청백색을 띠며, 투명하고 각질이 없는 깨끗한 상태이다.

두발이 나와 있는 모누두상부는 윤곽선이 뚜렷한 오목한 형태를 보인다. 이러할 때 두개피 유형은 흔히 피지량과 수분량이 갖는 요인으로 결정된다. 두개피 부위는 측정 위치에 따라서 유형의 차이를 갖는다. 이는 얼굴 안면에서의 피지량과 비교해 보았을 때 모누두상부가 많이 분포해 있고 온도가 높아 피지 분비량이 많기 때문이다. 피지량 측정은 세발 후 2~3시간 지난 후의 측정결과가 가장 적당한 시간으로서 이때 측정을 통해 분류된다. 이는 정상 두개피를 제외한 문제성으로서 건성 두개피부, 지성 두개피부, 지루성 두개피부, 민감성 두개피부 등에 있어서 탈모현상까지 살펴볼 수 있다.

(1) 건성 두개피부 및 탈모현상
① 건성 두개피부

내외적 요인으로 피지 분비선에서의 남성호르몬인 테스토스테론 분비 부족에 따른 결과 또는 영양섭취 불균형과 스트레스, 펌, 염모제를 이용한 화학적 시술 등의 외적요인에 의해 두개피부와 두발의 건성화를 나타낸다.

정상 두개피부의 톤과 비슷하나 두개피부 표면의 피지량에 따른 유·수분이 균형이 맞지 않아 모누두상부가 건조한 상태로서 윤기가 없고 각질이 쌓여 당기는 느낌을 갖는다. 두개피부의 모누두상부는 막혀 있는 경우가 많아 두발은 가늘어지고 거칠게 건조하기도 한다. 모낭에서의 영양공급 부족 시 피지생성이 적어지고 두개피부는 얇아져 두개골에 밀착된다. 건성 두개피부에 따른 건성두발이 몇 년간 지속될 경우 두개피부의 혈액순환의 둔화는 모근을 둔화시켜 두발의 탈모를 유발한다.

② 탈모현상

모든 탈모의 대부분이 지성 두개피부이지만 건성 두개피부일 경우 두정부가 반들반들하고 두개피부로서 딱딱함을 연출한다. 심할 경우 혈액순환이 둔화되어 모근이 약화되어 신경까지 둔화됨으로써 통증마저 느낄 수 있다.

두개피부 역할인 보호작용의 감소는 가려움증과 같은 심각한 자극을 동반시켜 박테리아성 감염에 노출시킴으로써 질환을 유발시킨다. 즉, 피지분비 장애에 의해 화학제와 세균에 대한 저항력이 약화됨을 나타낸다. 건성 두개피 내 건성비듬은 수분 유실이 많아 입자가 작고 가벼워서 두개피 내에서 들떠 있는 상태로 존재한다. 원인으로는 환경공해, 스트레스, 위장, 신장, 간장이 약한 허약체질, 인스턴트 음식물, 다이어트, 두발제품의 오용 등이 원인이 되기도 한다. 특히 알코올 중독 또는 심한 흡연, 마약 사용자들은 대개 건성 두개피와 건성 두발을 갖는다.

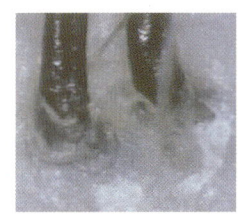 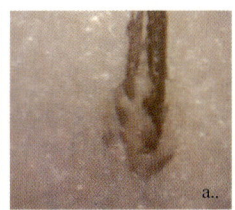 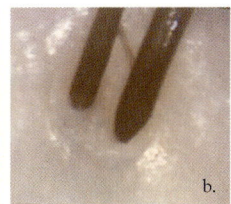

건성 두개피부의 a. 시술 전. b. 시술 후

(2) 지성 두개피부 및 탈모현상

지성 두개피부는 내외적 요인으로 나뉜다. 남성 호르몬 과다에 따른 유전적 요인, 음식물, 스트레스 등의 내적요인과 지나친 두개피부 마찰과 샴푸 미숙에 따른 불결 등이 모누두상부에 피지를 고이게 한다.

특히 번들번들한 인설이 특징적인 지성 두개피부는 피지선과 한선의 활발한 활동 이상 현상으로 나타난다. 이는 피지와 땀의 과다분비로서 두개피부를 지나치게 번들거리게 한다. 이는 노화각질뿐만 아니라 피지 산화물이 누적되는 경향이 있어 두개피부 톤은 황색을 띤다.

다른 염증 없이 인설을 가진 비듬과 각질이 엉겨 끈적이며 피지 산화 냄새를 유발한다. 이때 모근 내 모누두부로 피지가 역류하기 쉽다. 이런 두개피부의 유형은 지루성 염증을 유발시켜 가려움증을 동반함으로써 비만성 탈모를 유도한다.

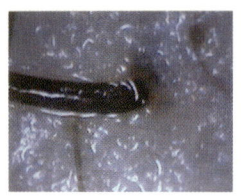 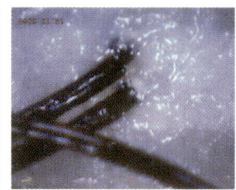 

지성 두개피부

(3) 지루성 두개피부 및 탈모현상

① 지루성 두개피부

미생물 번식을 유발시키는 비듬을 만들며 두개피부를 오염시킨다. 또한 비듬균의 이상 증상으로 비듬의 증가와 함께 가려움을 동반한다. 피지의 과다분비에 의해 그 피지가 모근 내에 충만됨으로써 모근 조직에 염증을 유발 세포 간 고착력을 둔화시킨다. 그러므로 브러싱이나 샴푸에서 두발이 쉽게 피탈된다. 특징은 피탈된 두발의 모근에는 피지물인 하얀 부착물이 묻어 있다.

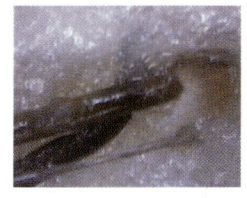

지루성 두개피

부신피질 내 스트레스 호르몬인 코티졸이 합성되면서 안드로젠 호르몬의 생성을 촉진시킨다. 따라서 스트레스를 많이 받게 되면 안드로젠 합성이 많아져서 피지생성이 늘어나게 된다. 이때 피지가 과다 분비됨으로서 지루성 피부염이 생성된다.

피지 및 호르몬의 작용이 수분함량에 영향을 준다. 두개피부가 습한 상태인 지루성 두개피부는 수분함량이 20% 내외를 차지한다. 이러한 수분은 내적요인에 의해 10% 내외로 수분증발이 유발되면서 균의 증식에서와 같이 가려움 현상을 동반한다. 특히 여성보다는 남성에게서 노령층보다는 젊은층에서 많이 발생한다.

② 탈모 현상

비강성 탈모증과 같이 지성 비듬과 관련된다. 지루성 비듬은 두개피부의 이상현상이 두발을 둘러쌈으로써 각화과정의 둔화를 야기시켜 모누두상부를 막아 모발성장을 억제시켜 탈모증을 유발한다. 계절 중 봄·가을에 더 악화를 나타낸다. 질환요인으로는 유전, 과잉피지 분비, 바이타민 B부족, 진균·세균 감염, 호르몬, 음식물 등이나 치유가 쉽지 않는 만성질환이다.

(4) 민감성 두개피부

> 민감성 두개피부는 건성 두개피부, 지성 두개피부, 지루성 두개피부 등 모든 종류의 두개피부에서 전이될 수 있는 유형이다.

이는 세균감염 또는 과다한 화학제품 사용에 의한 두개피부 자극 등의 원인에 의해 두개피부 각화주기 이상현상을 나타낸다. 유전적 체질과 호르몬 분비 불균형과 염증 또는 긴장으로 인해 두개피부가 아프다. 가시적으로 볼 때 가는 실핏줄에 의해 모세관 출혈이 나타나며 붉은 반점과 뾰루지 등에 의해서 두개피부는 붉어진다. 특히 미세한 자극에도 쉽게 반응하므로 어떤 관리보다 섬세하게 서서히 관리하는 것이 효과적이다. 이는 두개피부 염증을 동반할 수가 있으며 치료 후에도 재발 가능성이 있다. 원인에 있어서는 각화과정의 빠른 진행 또는 외부요인에 각질층의 얇은 두께형성, 수면부족, 스트레스, 세균감염 등을 들 수 있다.

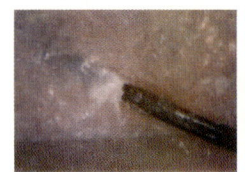

민감성 두개피

2) 의료계에서의 두개피 처치

두개피 관리는 두개피 관리사가 고객 두개피에 관한 전문 지식과 제품, 기기 활용을 통해 이루어지고 있다. 이는 두개피부 유형에 있어서 상태 및 진행 정도를 바탕으로 한다. 따라서 시진, 문진, 촉진 등의 상담과 두개피 진단기를 통한 검진 등 실제적으로 진단된다.

진단내용을 바탕으로 의사로부터 두개피부 유형별 처방이 뒤따른다. 이때 두개피 관리사는 고객에게 충분히 본인의 두개피 상태와 관리기간과 주의점 등을 총체적으로 제시한다. 처방이 내려지면 관리단계로서 경혈을 이용한 근육 뭉침과 혈을 풀어주면서 두개피부 마사지 및 브러싱을 하면서 상체이완을 준비한다. 두개피 스켈링(scalp scaling)과 세발(shampooing)에 따른 용제사용 여부 또는 양모제 보완과 함께 스티머, 바이브레이션, 고주파기 등이 이용된다. 마무리 단계로서 의사로부터 육모 처치 약물처방이 두개피부 주사를 통해 주입된다.

(1) 상담

문진: 현재의 자각증상에 따른 질문을 유도한다.

유전, 식습관, 직업, 음주 및 흡연, 사용 중인 두발제품, 샴푸절차 및 횟수 시기, 내복약의 종류, 자각증세 시기와 진행과정, 연령, 고객 희망 결과도, 고객 두발 관심도 등을 질문한다.

시진: 문진에 따른 상황을 시진을 통해 결과를 도출하기 위해 눈으로 보거나 두개피 진단기로 본다.

두개피부 질환, 두개피부 각질 및 염증 정도, 두개피부 색상과 현재 상태, 두발 두께, 모단위 수, 화학적 시술상태(펌, 염색, 트리트먼트유무)을 본다.

(2) 검진

컴퓨터의 위력을 살린 두개피 진단기로서 고배율 렌즈를 이용하여 두개피 상태를 측정한다. 이때 고객의 두개피부 상태를 직접 화상을 통해 보여줌으로써 시진에 따른 상담결과를 이야기한다.

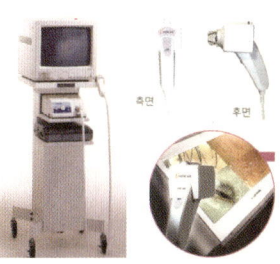

두개피 진단기

(3) 두개피 스켈링(Scalp scaling)

검진 후 시술 시 불편하지 않는 가운을 입히고 침대나 미용의자에 눕히거나 앉힌다. 편안한 자세를 취한 고객 두개피 모발을 꼬리빗으로 이용하여 숙련된 솜씨로 파팅을 나눈다. 라인 드로잉된 두개피 내에 모공의 피지와 노폐물을 제거시킬 수 있는 앰플을 도포하여 딥클렌징(deep cleansing)시킨다.

(4) 두개피 마사지

도포된 앰플 용액의 두개피 흡수 촉진뿐만 아니라 혈액순환을 촉진시키기 위하여 두개골 경락과 마사지를 한다. 두개피부나 안면 마사지로 원하는 효과를 얻으려면 미용사는 근육, 신경, 혈관 등과 같은 관련구조에 대해 완벽한 지식을 갖추고 있어야 한다.

> 모든 근육과 신경에는 운동점이 있다. 운동점의 위치는 신체구조에 따라 개인마다 다르다. 그러나 올바른 운동점을 약간만 조작해주면 마사지 치료의 초기에 긴장을 완화시킬 수 있다. 기술적으로 시행되는 마사지는 직·간접적으로 신체구조와 기능에 영향을 끼친다. 마사지의 직접적인 효과는 피부에서 먼저 나타난다. 마사지를 받은 부분은 순환, 분비, 영양공급, 배출 등의 작용이 활발해진다.

손의 모지, 소지를 사용하는 두개피의 지압법이다. 두개피 내 혈관, 신경, 근육의 뻐근해짐이나 피로 정도에 따라 양측두부, 전액부와 후두부의 순으로 손바닥을 고정하여 눌러 올리는 요령으로 상하에 20회씩 강하게 합하여 자극한다.

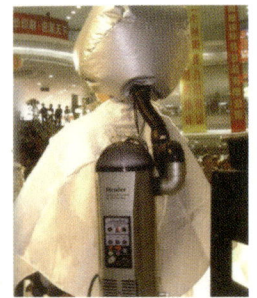

힐러 스티머

지압 요법은 누구나 할 수 있듯이 요법이라는 것은 몸의 반응이 나와 있는 곳이다. 몸에 이상이 생기면 요법에서의 압통은 손가락으로 누르면 아프며 경결은 손가락으로 주위를 만지면 약간 딱딱함을 느낄 수 있다. 또는 지각이 갖는 민감은 가벼운 충격으로도 피부가 따끔거린다. 피부가 갖는 온도변화 역시 주위의 피부와 온도차가 생기는 과정 등으로서 요법반응을 찾는데 도움이 된다.

(5) 힐러 스티머

두발 발육을 촉진시키는 스켈링 약용법과 스티머에 의한 증기욕은 42~45℃ 온도에서 10~15분간 사용하면 조직의 심부까지 침투하는 온열작용을 가지며 국소적으로 혈관을 확장하여, 혈액의 흐름을 원만하게 하여 충혈, 진통, 소염효과가 나타난다.

전신적으로는 지각신경의 자극을 억제한다. 또한 체액의 순환을 원만하게 하여 신진대사를 촉진하고 묵은 각질을 들뜸의 일으킴(lifting)과 동시에 염증산물의 완화 및 살균 등의 작용이 있다.

(6) 바이브레이터 및 고주파

힐러 스티머에 의한 두개피 연화 각질을 제거시키는데 보완시키기 위한 과정이다. 두개피 상태가 정상 또는 건성, 지성 두개피일 때 쿠션 브러시를 이용한 브러싱 또는 바이브레이터 과정으로 보완 시술이 가능하다.

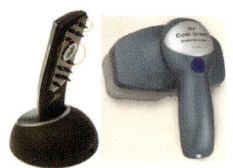

바이브레이터

(7) 세발

두개피의 혈관이나 신경, 근육과 경혈의 위치를 강약으로 지압, 마찰로 자극한다. 이때 반사적으로 혈관을 확장, 혈류량을 증대하여 충혈을 일으켜 두개피부의 신진대사를 촉진시킨다. 세정은 온·냉욕을 번갈아한다. 온·냉욕 세정으로 인해 두개골 속에서부터 상쾌한 기분을 주는 두개피 세정이 갖는 미용술이다.

두부의 피로를 풀어주는 역할을 하며 시술방법은 온수→냉수→온수로서 헹구는(rinsing) 방법이다. 처음에 온수로 두개피부 및 두발을 적신 후 적당량의 샴푸제를 도포하여 거품을 일으키면서 마사지하면 두개피부의 모공이나 표

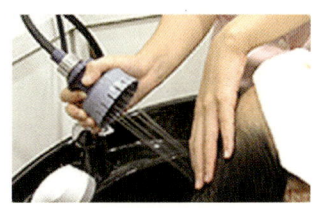

아쿠아펀치

피의 먼지, 비듬 등을 온수로 씻어낸다. 이 때 충분히 마사지하면 모발의 찌꺼기를 온수로 충분히 씻어낼 수 있다. 그 후 냉수로 모발과 두개피부 전체를 씻어주고 온수로 헹구는 과정이 끝나면 타월을 이용하여 물기를 닦아낸다.

이러한 온·냉욕 세정과정은 샴푸> 아쿠아 펀치> 맥동수류 발생장치를 이용하여 모공각질 제거를 통해 비듬과 가려움을 제거함으로써 기분도 상쾌해진다.

(8) 타월 건조

면 타월을 이용하여 두개피부부터 먼저 물기를 제거한다. 짧은 두발길이는 타월만으로도 물기가 제거되나 긴 두발길이는 타월로 충분히 두발을 말린 후 블로우 드라이어(blow dryer)를 이용하여 찬바람으로 건조시킨다. 뜨거운 바람 이용 시 피지선을 자극하여 분비를 활성화시킨다.

(9) 젯트필(jet peel)

코퍼에 식염수와 양모제를 첨가함으로써 액체 산소와 물을 이용해 잔재된 표피의 각질을 제거시킨다. 즉 초음속으로 가속된 산소와 두개피부 재생을 촉진시키는 약품이 포함된 액체가 미세한 방울 형태로 피부에 분사되면서 피부의 죽은 세포층을 벗겨낸다. 산소와 액체에 포함된 약품의 작용으로 피부 신진대사를 촉진하며 두개피부 세포층 재생을 자극시킨다.

(10) 영양공급 단계

앰플 및 트리코인을 사용하여 산소 건(gun)을 이용해 영양성분을 침투시킨다.

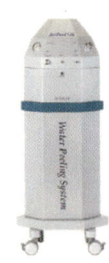

(11) 메조세라피(Mesotherapy)

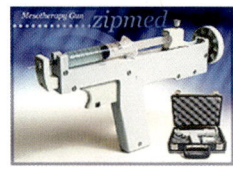

제트필

두개피 내에 탈모가 있거나 가는 모발 징후 또는 가는 모발을 위해 이에 효과적인 약제를 조합하여 주사기에 넣어(point by point) 두개피에 직접 곳곳에 주사하면서 알코올 솜으로 닦아낸다.

자동 주사기

(12) 포토라이트

눈을 가리개로 가린 후 제품침투와 혈액순환 촉진을 위해 빛을 쪼인다.

(13) 치료가 끝난 후 두개피 진단기를 이용 관리 후의 모습을 고객에게 재확인시킨다.

3) 미용실에서의 두개피 처치

탈모의 조기 증상은 두개피에서의 과다 분비된 피지가 미생물 번식을 유발시키는 비듬을 만들며 두개피를 오염시킨다. 가장 근본적인 두개피 오염은 잠재성 유전인자를 지니고 있을 때이다. 이러할 때 남성 호르몬은 모낭 기능저하 또는 모구의 신진대사 및 두개피부 생리기능 저하를 유도한다. 두개피부의 당김에 의한 국소 혈류 장애, 영양부족, 스트레스, 약물에 의한 부작용, 유전 등에 의한 원인으로 추측되는 이상 탈모를 갖는다. 또한 안드로젠 수용체가 과다 분비시킬 때나 스트레스를 심하게 받을 때, 육류를 많이 섭취하거나 또는 오염된 공기나 공해물질들이 원인을 제공함으로써 탈모 증세를 초래한다.
따라서 두개피부 손질의 목적은 두개피부와 두발을 청결하고 건강한 상태로 유지하기 위한 것이다. 특히 두개피부가 벗겨지거나 두개피부질환이 있는 고객에게 탈색제, 염색제, 토너, 펌용제 또는 펴는 화학제로 시술 후 두개피부 치료를 제의해서는 안 된다. 두개피부가 당기는 증상, 지나치거나 부족한 지방선의 활동, 예민한 신경 등 부주의로 발생한 이상상태는 적절한 두개피부 처리로 해결되거나 완화될 수 있지만 전염성이 있는 심각한 두개피부질환을 가진 고객에게는 의사와 상담해야 한다. 따라서 고객이 무엇을 요구하는지 파악할 수 있는 미용사만이 만족할 만한 결과를 이끈다.

일반적으로 비듬 역시 생기는 주요원인은 원활하지 못한 혈액순환이나 잘

못된 다이어트, 불결, 전염 등의 현상에 의해 발생된다. 미용실에서 비듬이 전염되는 것을 막기 위해서 미용사는 기구나 도구들을 1인 1기로서 소독하여 사용한다. 규칙적으로 두개피부를 손질하면 독두 예방에도 도움이 된다. 두개피부와 두발은 서로 뗄 수 없는 관계로서, 두개피부 질환은 두발을 건강한 상태로 유지시키기 위해서라도 치료해야 한다. 건강한 두개피부는 건강한 두발성장에 기여한다. 미용사는 단지 일반적이며 간단한 두개피부 처치만을 담당할 수 있으므로 미용사가 다할 수 있는 것처럼 두개피부 치료를 제의해서는 안 된다.

(1) 상담 및 검진
상담표 작성

의료에서 요구되는 상담방법과 동일하게 고객카드를 작성한다.

상담일		고객명		성별	
연령		생년월일		직업	
주소				연락처(e-mail)	
혈액형		의학적 특이사항	□ 위장 □ 신장 □ 방광 □ 기타 질병( )		
흡연량		음주		복용약	
생리주기		수면상태		스트레스 상태	
홈 케어 제품	샴푸명:		스타일링제:		
탈모관리 경험	□ 유 □ 무	가족력	□ 유 □ 무	1일 탈모량	
관리형태	□ 두개피 관리 □ 가발 □ 약물요법 □ 이식수술 □ 기타( )				
탈모시기	□ 최근 1년 이내 □ 1~3년 □ 3~5년 □ 5~10년 □ 10년 이상				
탈모원인	□ 유전성 □ 신경성 □ 스트레스성 □ 피부질환 □ 산후탈모 □ 항암제 사용 □ 호르몬 과다분비 □ 불면성 □ 세정불량 □ 기타( )				
두발상태	□ 약간 건조 □ 건조 □ 지성 □ 굵은 모 □ 보통모 □ 가는모				
두발 인장력	□ 강함 □ 중간 □ 약함	화학처리 유·무	□ 염색모 □ 펌모 □ 정상모 □ 기타		
두개피 상태	□ 정상 □ 건성 □ 지성 □ 지루성 □ 민감성 □ 가려움 □ 질환				
비듬	□ 정상 □ 건성 □ 지성 □ 비만성 □ 비강성				
두개피 탈모 유형 및 진행도	(cm) (cm) (cm) (cm) (cm) (cm)				
관리제품 및 적용기기					
관리 시 주의사항					
두개영상 촬영첨부	검진 관리 전				
	관리 후				

검진

∘ 고객카드 작성 후 두개피 진단기를 통해 영상물로서 검진한다.

∘ 검진 후 미용의자와 관리침대를 이용하여 시술에 용이한 작업을 한다.

∘ 가운을 입히고 난 뒤 고객을 미용의자로 안내한다.

∘ 두발상태에 따라 브러싱이 필요할 경우 브러싱을 한다.

∘ 우선 목과 두개피를 유연하게 하기 위해 근육과 신경을 이완시키는 마사지 동작을 가볍게 한다.

∘ 앞선 순서에 따라 어깨보를 씌우고 터번을 발제선 가까이에 두른다.

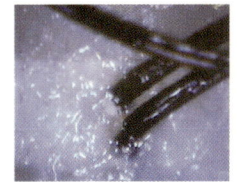 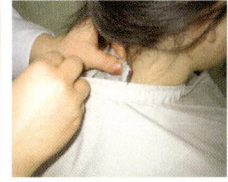 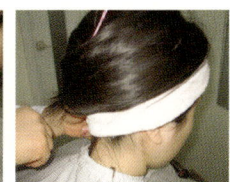

(2) 1차 제품(스켈링제)

- 사용 시 적당량을 볼(bowl)에 스켈링제를 덜어 사용한다.
- 한 블록에 서브섹션 2㎝ 정도로 파팅한 후 두부영역을 6등분한 후 커트 면을 이용하여 스켈링 용액을 묻힌다.
- ①에서부터 ⑥의 영역을 차례로 스켈링 용액을 1～2㎝ 서브섹션 후 도포한다.

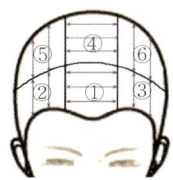   

(3) 1차 스티머 사용(C모드)

캡을 씌우기 전에 미리 스티머 기기를 작동시켜 놓았을 때 여러 가지로 좋은 점이 있다. 온도 45℃를 유지시킨다. 모이스처 단계에서 2는 두발 숱이 적을 때 이용, 단계 3은 보통일 때, 단계 4는 두발 숱이 많을 때 이용한다.

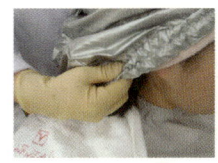   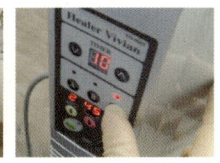

(4) 2차 제품(클렌징제)

2차 제품을 스포이드를 이용하여 두개피부에 파팅 후 도포한다. 도포방법은 1차 제품 도포 순서와 같은 방법이나 제1차 도포 시 파팅되지 않은 부분 사이로 라인 드로잉 하면서 2차 제품을 도포한다. 도포 후 좌식 샴푸 테크닉을 구사하면서 두개피에 골고루 마사지한다.

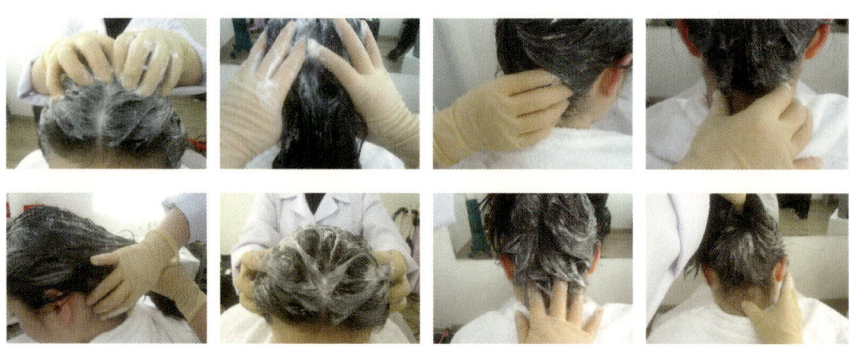

쿠션 브러시 or 바이브레이터 기기를 이용한다. 지성 또는 건성일 경우 쿠션 브러시를 이용 두개피 모발을 빗질함으로써 각질 연화된 노폐물을 roll-up 공법으로 제거한다. 각질과 비듬이 과다할 경우 바이브레이터를 이용하여 노폐물을 제거한다.

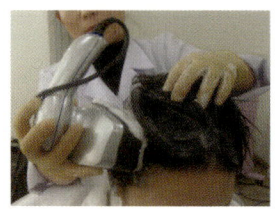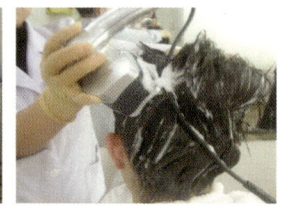

(5) 2차 스티머 사용(C모드+오존)

온도 45℃를 유지한다. 모이스처 3단계로 오존 10분간 한다. 2차 스티머는 관리 침대에 눕힌 상태에서 캡을 씌운다. 이때 목에서 등, 다리까지 뭉쳐 있는 경혈을 찾아 지압하여 풀어준다.

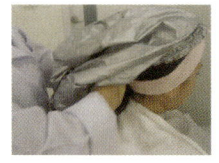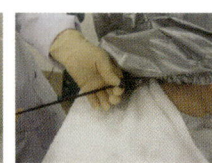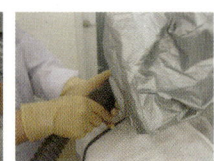

(6) 샴푸대에서 세발

온수를 이용 두개피를 세정시킴(shampoo)과 동시에 두 개 지압점을 찾아 지압한다. 냉수로 열려 있는 두개피부와 두발을 아스트리젠트화 한다. 다시 온수를 이용하여 두발 경계선인 발제선을 비롯 두정부 골고루 충분히 헹군다.

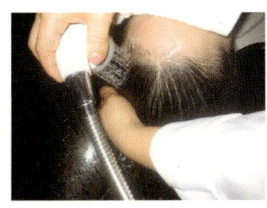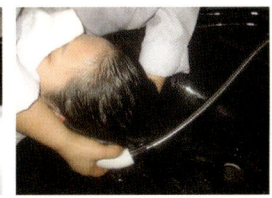

(7) 타월 건조

두개피부를 타월로 건조시킨 후 찬바람으로 말린다.

(8) 발모 촉진제 or 영양제 or 영양 로션 or 헤어 트리트먼트

탈모 두개피부일 경우 발모제를 두개피에 도포한다. 탈모와 가는 모발이 진행 중일 경우 발모제와 영양제를 혼합 도포한다. 탈모와 함께 두발 숱이 많거나 길 경우 발모제를 먼저 두개피에 도포하고 헤어로션 또는 헤어트리트먼트를 두발에 도포한다.

(9) 쿠션 브러시 or 고주파 콤

탈모가 진행되는 건성 두개피일 경우 쿠션 브러시로 두들긴다.

(10) (8)의 제품이 흡수되도록 한다.

지성 또는 지루성일 경우 고주파 콤을 이용하여 (8)의 제품이 흡수되도록 한다.

(11) 재확인 검진

관리 후 검진 시 시술 전의 특이사항과 시술 후 상태를 두개피 진단기 내 두개피 영상물을 통해 고객에게 재확인해 준다.

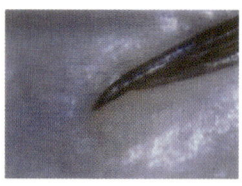

(12) 홈케어를 위한 어드바이스 상식

관리받은 고객은 집에서도 관리할 수 있도록 미용사는 제품 선정 및 식이요법, 일상생활 등에 있어서 어드바이스함으로써 상황적인 두개피를 개선시키고자 하는 노력이 필요하다.

생리적으로 여성이 남성에 비하여 피지분비가 적은 것은 호르몬과 관련이 깊다고 볼 수 있다. 두개피부에는 호기성구균, 혐기성균, 진균 등이 상주하고 있다. 이 균들은 평소에 두개피를 청결이 하고 두개피부의 성상에 따라 적절한 클렌징제를 선택하여 샴푸해야 한다. 샴푸 후에는 살균제를 함유한 토닉을 두개피부에 마사지함으로써 균의 증식을 억제시킬 수 있다.

① 건성비듬성 두개피부

건성비듬은 혈액순환이 잘 안 되고 신경자극이 부족하거나 잘못된 다이어트, 감정과 분비선 장애를 갖는다. 이때 불결에 의해 두개피부가 가려우며 작고 하얀 비늘이 생기는 특징을 가지고 있다.

이 비늘들은 주로 두개피부에 많이 붙어 있거나 두발에 산재되거나 어깨 위에 떨어져 있는 비듬의 대부분을 차지한다. 여성에게 있어서 특별히 건성 두개피부는 펌 후 또는 세발 후 헤어드라이어로 건조시킬 경우에 비듬이 많이 생성되는 경우이다.

관리방법

◦ 부드러운 샴푸제를 사용한다.
◦ 규직적인 누개피 마사지를 통해 누개피부를 자수 손실해순다.

◦ 세발 후에는 소독용 두개피부 로션과 두개피부 연고를 발라주는 방법을 취한다.

- 이때 바이타민 A가 함유된 크림이나 오일을 소량 도포손질과 동시에 수면을 충분히 취하게 한다.

◦ 균형 있는 식사, 스트레스 해소 등 생활환경에 리듬을 가지면 어느 정도의 예방은 가능하다.

② 지루 비듬성 두개피부

두개피를 스티밍하면 수증기 열에 의해 피지의 점도가 저하된다. 이때 모공도 확대되므로 인해 땀, 피지의 배출이 촉진된다. 이와 더불어 스트레스나 수면부족을 치료하는 등 생활면에서도 관리가 필요하다.

비듬 제거용 샴푸나 헤어토닉, 육모제에는 여러 가지 살균제가 배합되어 있으며 효과를 높이기 위해 스티머가 반드시 사용된다.

관리방법

샴푸제 - 황화셀레늄(selenium sulfide)이나 타르, 유황, 살리실산, 아연 피리치온(zinc pyrithione) 또는 리소신 성분이 포함된 샴푸를 사용한다.

샴푸 후 블로우 드라이어의 열을 이용하여 모발을 건조시키면 두개피부 내 피지선을 자극하며 지방성분의 재생을 촉진시킨다. 그러므로 타월 드라이를 한다.

샴푸 시술과정 후 알코올과 수분이 적절히 함유된 모발유지제(hair tonics)를 사용한다. 증상이 심하면 코티코스테로이드(corticosteroid) 용액 또는 콜타르 등과 혼합된 용액 및 2% 케토코나졸 크림을 도포하도록 한다.

③ 혼합 비듬성 두개피부

두개피를 청결히 유지하기 위해서는 세균을 사멸하여 피지 분해에 따른 자극물의 생성을 막는 것이 중요하다. 이러한 관리방법 과정에서 개인차도 있으나 보통 샴푸를 하고 3~4일 경과되면 비듬이 생성되므로 두개피부가 가려워진다. 따라서 비듬증이 되지 않으려면 최소한 하루 걸러 가능한 매일 세발을 하는 것이 이상적이다. 세발은 더러움과 피지를 분해하는 미생물을 제거함으로 인해 표피 각화과정의 회전율을 원활하게 함으로써 비듬을 덜 생산시킨다.

건성비듬과 지성비듬이 동시에 존재하는 상태이다. 각질의 형태를 판독하기 힘들 정도로 모공 주변에 진한 황색톤 비듬이 모공을 막고 있다. 세발의 빈도와 밀접한 관계로서 보았을 때 불결함이 비듬증의 첫 번째 원인이 된다. 두개피가 불결해져 있으면 세균의 번식은 물론 비듬, 가려움뿐만 아니라 불쾌한 냄새도 난다.

● 요약

1. 두개피 관리요법으로서는 식이요법과 자연요법, 아로마요법 등으로 대별된다. 식이요법은 영양 식이요법과 민간식이요법으로 나뉘며, 자연요법에는 소펄메토, 녹차, 피지움, 아연, 달맞이꽃, 바이타민 제제 등이 적용되며, 약용식물에는 라벤더, 로즈마리, 로먼 카모마일, 세이지, 티트리, 시트러스의 정유인 아로마는 피부, 신경계, 내분비계, 순환계, 소화기계, 호흡기계 등으로 흡수되어 반응된다.

2. 육모제는 약효성분의 종류 및 배합량과 효능·효과의 차이에 따라 화장품, 의약부외품, 일반용 의약품, 의료용 의약품 등 4종류로 나눌 수 있으며, 이들은 혈행을 증진함으로써 성장을 촉진하는 것을 목적으로 사용된다.

3. 두개피 유형은 흔히 피지량과 수분량이 갖는 요인으로서 세발 2~3시간 지난 후 결과를 측정함으로써 결정된다. 따라서 건강한 두개피는 피부표면이 맑은 청백색을 띠며, 투명하고 각질이 없는 깨끗한 상태이며, 모누두상부는 윤곽선이 뚜렷한 오목한 형태를 보이며 두발은 건강하다.

◦ 건성두개피는 유·수분 균형이 맞지 않아 모누두상부가 건조한 상태로서 윤기가 없고 각질이 쌓여 당기는 느낌과 함께 두발은 가늘어지고 거칠게 건조하기도 한다.

◦ 번들번들한 인설이 특징적인 지성 두개피부는 피지와 땀의 과다분비로서 노화각질뿐만 아니라 피지 산화물이 누적되는 경향이 있어 두개피부 톤은 황색을 띤다. 또한 모근 내 모누두부로 피지가 역류하여 지루성 염증을 유발시켜 가려움증을 동반함으로써 비만성 탈모를 유도한다.

◦ 비듬균의 이상 증상으로 비듬의 증가와 함께 가려움을 동반하는 지루성 두개피부는 피지의 과다분비에 의해 그 피지가 모근 내에 충만됨으로써 모근조직에 염증을 유발하여 세포 간 고착력을 둔화시킨다.

◦ 지루성 비듬은 두개피부 이상현상이 두발을 둘러쌈으로써 각화과정의 둔화를 야기시켜 모누두상부를 막으며 모발성장을 억제시켜 탈모증을 유발한다. 탈모현상에 있어서도 비강성 탈모증과 같이 지성비듬과 관련된다.

4. 진단내용을 바탕으로 의사로부터 두개피 유형별 처방이 이루어지는 의료계에서의 두개피 처치는 문진, 시진, 검진을 통하여 두개피부 스케일링과 세발에 따른 약제사용 여부 또는 양모제 보완과 함께 스티머, 바이브레이션, 고주파기 등이 이용되며 육모 처치 약물처방이 두개피 주사를 통해 주입된다.

   미용실에서의 두개피 처치과정에는 상담표 작성, 검진, 1차 스케일링, 스티머, 2차 클렌징제, 스티머, 세발, 타월 건조, 헤어트리트먼트, 발모촉진제, 고주파콤, 재확인 검진 등이 있다.

● 연습 및 탐구문제

1. 요법과 관리에 대해 비교, 설명하시오.

2. 식이요법과 자연요법이 두개피에 미치는 영향에 대해 구분하여 설명하시오.

3. 아로마요법에 사용되는 약용식물에 대해 효능과 효과를 적용하여 설명하시오.

4. 안드로겐 유전성 탈모증의 약제인 미녹시딜과 프로페시아에 대해 비교, 설명하시오.

5. 혈행촉진제와 국소자극제를 비교, 설명하시오.

6. 육모에 따른 증기법에 대해 설명하시오.

7. 두개피 유형을 분류하고 유형에 따른 탈모와 처치에 대해 설명하시오.

8. 의료계와 미용실에서의 두개피 처치의 차이점에 대해 논하시오.

Chapter 7

두개피 클렌징 이론 및 실제

● 개요

    샴푸는 미용술의 준비단계와 함께 고객이 갖는 신뢰의 첫인상이다. 샴푸의 주된 기능은 두개피 내 피부뿐만 아니라 두발을 청결히 함으로써 생리활성을 가져다준다. 샴푸의 대상인 이물질은 체내분비물, 두발화장품, 대기오염 등에 의해 형성되며, 계면활성제의 유화, 분산, 침투, 습윤, 가용화, 기포화 등의 작용과 roll-up 작용 등이 계면장력을 저하시켜 분리시킨다. 계면활성제 중 음이온을 띠는 샴푸제는 세정성이 온화하며 양질의 거품작용과 세발 후 두발감촉을 좋게 한다. 세발과정은 브러싱 → 플레인 린스 → 샴푸제 도포 → 세발 → 헹굼 → 컨디셔너 → 헹굼 → 지압 → 타월 건조 등의 절차와 함께 두부경혈 마사지를 병행하여 실제를 적용한다.

● 학습목표

1. 두개피 클렌징에 따른 샴푸의 목적, 세정작용, pH, 물과의 관계 등을 말할 수 있다.
2. 세발의 실제를 위한 이론에 대해 분류할 수 있다.
3. 두개피 상태별 기술을 적용할 수 있다.
4. 두부 경혈 마사지 기술을 적용할 수 있다.
5. 경혈 마사지 기술을 할 수 있다.
6. 세발의 실제방법을 통해 적용할 수 있다.

● 주요용어

    클렌징, 세정작용, pH, 평가, 일반적 사항, 브러싱, 경혈 마사지, 침입점, 기본동작(경찰법, 강찰법, 유연법, 진동법, 고타법)

Chapter 7.

두개피 클렌징 이론 및 실제
(Scalp cleansing theory and action)

1. 두개피 클렌징(Scalp cleansing)

 tip **클렌징과 클리닝**

클렌징(cleansing):
깨끗하다. 청정하게(정화)하다.
클리닝(cleaning):
부착물 따위를 제거하여 말끔한 상태로 되돌리다.
예: 세탁, 클리닝, 청소

세발 절차과정(hair shampooing)은 미용술의 준비단계와 함께 고객이 갖는 신뢰의 첫인상이다. 세발과정에 만족한 고객은 미용사가 권유하는 모발조형에 대해 호의적으로 받아들이기도 한다. 그러므로 전문적 세발 솜씨를 제공하는 미용사는 미용실의 가치 있는 재산이 된다. 세발의 주된 기능은 두개피 내 피부뿐만 아니라 두발을 청결히 함으로써 생리활성을 가져다준다.

1) 샴푸의 목적(Objective of shampoo)

샴푸는 두개피부와 두발을 청결히 하며 두개피의 생리를 조절함이 목적이다.

두개피는 땀샘이나 피지선에서 분비되는 신체내부로부터의 때(垢, soil)와 두발 화장품이나 대기 중의 먼지 같은 외부로부터의 때가 있다. 이들 때의 피부 안착은 피지와 유기물의 분해를 촉진시켜 그 대사 부산물에 의해 세균이 증식하고 불쾌한 냄새와 가려움증을 동반한다. 더욱 심해지면 모누두상부가 막혀 모유두 기능저하와 함께 두개피부 내 세포분화뿐만 아니라 두발의 정상적인 발육이 방해받게 된다. 따라서 탈모 등의 증상이 일어나기도 한다.

2) 샴푸의 세정작용(Cleansing function of shampoo agent)

두개피부 및 두발 때의 원인을 크게 세 가지로 나눌 수 있다.

체내 분비물: 분비 배설된 땀, 피지, 노화된 각질세포인 인설(scale, 鱗屑) 등이다.

두발 화장품: 헤어 컨디셔너, 헤어크림, 헤어로션, 왁스, 무스, 스프레이, 스타일링, 탈·염모제, 펌용제 등이다.

대기오염: 공기 중의 분진, 아질산(NO_3), 아황산(SO_3) 등의 매연이 있다. 이들 두개피부 및 두발에 부속된 때(soil) 속에는 브러싱(brushing)에 의해 떨어지거나 물에 녹는 수성의 때와 먼지 등에 포함되어 있는 유성의 때가 있다.

이와 같이 두가지 역할을 담당하는 샴푸제는 계면활성제가 주체가 되어 분산·유화와 같은 거품에 의한 기포(起泡)작용과 때를 씻어내는 세정(洗淨)작용을 동반한다.

 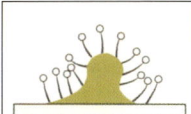  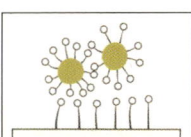

| 샴푸가 물에 녹으면서 샴푸의 구성성분인 계면활성제가 오염물 주변을 둘러쌈 | 계면활성제의 밀어내는 힘에 의해 때가 두발에서 떨어지기 시작함 | 계면활성제에 둘러싸인 때는 roll-up 공법에 의해 두발에서 분리됨 | 때는 더욱 작게 분리되어 계면활성제에 둘러싸인 채 물 속에서 분산됨 |

샴푸의 원리

3) 샴푸제와 pH 관계(Relationship between shampoo agent and pH)

> pH란 용액 중의 양성자(H^+, H_3O^+)의 농도를 측정하는 단위이다. 산(acid)이란 양성자 공여체를 말하며 염기(base)란 양성자 수용체로서 정의된다. 이러한 정의를 물의 정상적 해리(분해)에 관해 살펴보면 물(H_2O)은 수소기(hydrogen, H^+)와 수산기(hydroxyl, OH^-) 이온으로 해리된다. 이는 물이 다른 물 분자와 수소 결합을 형성할 때 일어난다. 이 결합된 화합물을 하이드로늄 이온(H_3O^+)이라 한다. 이 같은 가역반응은 계속적으로 일어나고 한정된 양의 H_3O^+과 OH^- 이온을 형성한다. 물은 이러한 반응 동안 산 그리고 염기로서 작용한다.

pH가 두발에 미치는 영향인 인장강도(引張強度)는 두발 파손이 생기는 부하가중이다. 이는 pH 4~7의 범위에서 거의 일정 높은 값을 나타내지만 pH 4 이하, 즉 강산성 영역에서는 pH가 내려감에 따라 인장강도는 저하되고 있다. pH가 8 이상인 알칼리 영역에서 두발이 팽윤하기 때문에 인장강도 또한 저하된다. 이와 같이 산성이 강하거나 반대로 알칼리성이 강해도 두발에 영향을 준다. 따라서 샴푸의 pH는 두발에 영향을 주지 않는 pH 4~7의 약산성에서부터 중성영역이 가장 적당하다.

4) 물과 샴푸제(Water and shampoo agent)

모발에 알맞은 샴푸제를 선택하려면 두개피부나 두발의 상태를 정확하게 판단해야 한다. 두발의 성질은 비록 같은 사람일지라도 계절, 연령, 영양, 부위 등에 따라 다르다. 또한 염·탈색, 펌 시술 횟수에 따라 달라지기도 한다. 두발은 여름의 다습기에는 유성모발로 치우고 겨울 건조기에는 건성모발인 경향이 나타난다. 원래 유성두발인 사람에게도 손질과정이 나쁘면 모간부분이 건성이 된다.

샴푸제를 선택할 때에는 두발상태뿐 아니라 두개피부 상태에도 주의하여 조건이 가장 나쁜 부분에 초점을 맞추는 것이 중요하다. 샴푸제의 성질과 목적을 잘 이해함으로써 물 사용 또한 고려해야 한다. 비누타입의 샴푸제를 사용할 때 수질에 따라 세정력이 저하되는 수가 있다.

비누 이외의 세정제, 즉 고급알코올계의 계면활성제나 음이온 계면활성제 등을 주제로 사용하고 있는 샴푸제는 경수의 영향을 받지 않으므로 거품도 충분하고 세정효과도 저하되지 않는다.

5) 샴푸제의 평가(Evaluation of shampoo agent)

좋은 샴푸제가 갖추어야 할 조건에는 다음과 같은 것이 있다.

샴푸제의 외관적인 면: 제품이 변색, 침전 등이 안 되고 안정되어야 하며 사용하기 쉽고 적당한 점도를 지니고 향이 좋아야 한다.

샴푸 시: 적당한 세정력을 지니고 감촉이 우수해야 한다. 거품이 풍부하고 기포입자가 작으며 잘 제거되어야 한다. 세발할 때 빗질이 잘되어야 하고 눈이나 피부에 자극이 없어야 한다.

샴푸 후: 두발의 광택과 감촉이 우수해야 하며 두발이 뻣뻣하지 않고 빗질이 잘 되어야 한다. 염모나 펌 된 두발에 자극성이 없어야 하고, 비듬이나 가려움이 없어진 효과가 있어야하고 샴푸 후 냄새가 적어야 한다.

※ 샴푸제를 비교할 때는 똑같은 샴푸 시술과정을 통해 시험하더라도 두발에 따라 개인차가 생기므로 반두실험(half head test) 과정이 요구된다.

---

tip 물의 종류

물을 크게 나누면 경수와 연수 두 종류로 나눈다. 경수란 칼슘 이온이나 마그네슘 이온을 다량 함유하고 있는 물을 말한다. 연수란 칼슘, 마그네슘, 납 등이 적게 함유되어 있는 경도 10° 이하인 물을 말한다. 일반적으로 지하수 등은 경수인 것이 많다. 비누 타입의 세정제를 경수로 사용하면 비누의 주성분인 지방산과 칼슘이나 마그네슘 이온이 결합하여 불용성인 금속비누를 만든다. 그 결과 거품도 잘 일지 않고 세정력도 저하된다. 온천물에서와 같이 비누거품이 잘 일지 않는 예와 같다. 지역에 따라서는 경수지역도 있으므로 비누 타입의 세정제를 사용할 때에는 끓이거나 이온교환수지법으로 연수화하여 사용해야 한다.

---

6) 샴푸시술의 일반적 사항(General fact of performing shampoo)

샴푸 전 시술자의 준비사항

시술자는 손톱을 짧게 깎고 시술을 위해 반지 등의 액세서리를 손가락에서 빼서 놓고 고객의 두발 핀이나 귀고리 등은 빼서 잘 보관시키도록 한다. 시술자는 마스크를 착용한다.

샴푸 시술 시 주의사항

두개피부까지 물이 골고루 퍼지도록 한다(길고 가는 두발에서는 특히 두개피부 내로 물이 잘 스며들지 않으므로 주의한다). 적당한 속도와 리듬을 가진다. 이러한 리듬감은 무의식 상태의 손님에게도 전달된다. 발제선, 목덜미를 깨끗이 한다. 옷깃이 젖지 않도록 주의한다.

- 샴푸 시에 사용하는 물의 온도 38~40℃(90~110°F) 정도이나 손님에게 동의를 얻어 물의 온도를 조절한다. 샤워기는 항상 한쪽 끝에 손가락으로 잡아서 온도변화에 유의한다.
- 손가락 끝의 완충 면으로 두개피부 마사지(manipulation)를 조절한다. 손가락의 힘은 젊은 층, 노년층에 따라 두개피가 요구되는 강약이 다르므로 자세 등에 유의한다.
- 펌, 염·탈색 시술 전에는 두개피부를 자극시키는 샴푸제나 또는 강한 압이나 문지르는 마사지를 하지 않는다. 수분을 흡수한 두발은 팽윤되어 있어 비벼 씻으면 모표피를 손상시키므로 주의한다. 샴푸제의 용량이 지나치지 않게 주의한다.
- 젖은 두발을 타월로 싸서 상하방향으로 물기를 완전히 말려 건조시킨다.

2. 세발의 실제를 위한 이론(Theory for action of shampooing)

1) 두개피 상태별 세정방법(Shampooing method according to scalp type)

(1) 정상 두개피의 세발방법

브러싱(brushing) → 물로 헹굼(plain rinse) → 샴푸제 도포 → 세발의 실제 기술 → 헹굼 → 린스제를 두발에 흡착시켜 영양공급(conditioning) → 린스 세발의 실제 기술 후 지압 → 헹굼 → 타월 건조

(2) 이상 두개피의 세발방법

① 건성 두개피의 세발

두개피부가 건조하여 비듬이 생기거나 대체로 알칼리성이 강한 샴푸제를
사용했거나 염모, 펌된 모 등은 두발이 건조한 상태가 많다. 세발 전 헤어오
일, 영양오일 등을 이용하여 두개피 마사지 후 세발한다.

② 지성 두개피의 세발

헤어오일이나 헤어토닉을 두개피에 묻히고 두개피부 마사지를 한 다음
두발은 식물성 샴푸제로 정상 두개피 세발과정을 거친다.

③ 환자의 세발

물을 사용하여 샴푸할 수 없는 상태이므로 건조 세발(dry shampooing)한
다. 거즈를 브러시에 끼워 브러싱하면 두발에 묻어 있는 노폐물들이 거즈에
흡수된다. 이 건조 세정과정은 정상적인 서비스를 할 수 없는 사람이나 동
물, 가발 등이 주로 사용된다.

분말세발(powder dry shampoos): 주로 산성 백토에 카울린, 탄산마그네슘,
붕사 등을 섞어서 사용하는데 이는 지방성 물질을 흡수하는 작용과 기계적
인 세정작용을 한다. 빗 꼬리로 두발을 파팅하면서 분말가루를 뿌린 후 두
부 전체에 작용할 수 있도록 마사지한다. 마사지 후 방치시간 약 20~30분
경과과정이 요구된다. 브러싱에 의해 분말을 제거한 다음 헤어토닉을 묻힌
탈지면 등으로 남아 있는 분말을 닦아낸다.

계란흰자 분말세발(egg powder dry shampoos): 달걀의 흰자만을 이용
하여 거품을 낸 후 팩의 요령으로 두발에 발라 완전히 건조한 다음 브러싱
하여 분말을 제거한다.

휘발성액체 건조세발(liquid dry shampoos): 벤젠(benzine)이나 알코올
(alcohol) 등의 휘발성 용제를 사용하여 헤어 피스, 가발 등에 세발하는 세정
법이다. 솜(cotton)에 용액을 묻혀 두발을 깨끗이 닦아내거나 가발 등을 용액
에 12시간 담가두었다가 꺼내어서 타월로 닦은 후 응달에 말린다.

토닉 샴푸(tonic shampoos): 헤어 토닉을 사용해서 두발을 세정하는 방
법이다.

(3) 브러싱(brushing)

미용실에 있어서 두부기술의 최초단계에 해당되는 기술이다. 일상적으로 고객 스스로가 행할 수 있는 작업방법이다. 그러므로 전문 미용실에서의 과정은 섬세하게 다루어져야 한다.

브러싱의 목적

두발의 더러움을 제거시킨다. 비듬, 분비물, 외부로부터의 먼지 등을 두개피에서 제거시킨다. 두개피의 혈액순환과 함께 분비선의 기능을 활발하게 한다. 자극과 쾌감을 주어 미용효과를 높인다.

브러싱의 자세

미용사와 손님 사이에는 주먹 하나 정도의 사이를 두고 바로 뒤에 서서 발을 벌려 체중의 중심을 잡고 똑바로 서서 행한다. 무릎은 자유롭게 펴고 팔은 두개피에 대하여 평행으로 함으로써 팔의 위치를 안정시킨다. 미용사의 행동 범위는 손님이 앉아 있는 위치보다 앞으로 나가지 않도록 한다.

손님을 껴안듯이 하는 자세나 위에서 덮어씌우는 듯한 자세는 피한다. 그 자세는 손님에게 불쾌감을 줄 수 있으며 너무 가까이 다가서면 몸 전체가 움직임에 있어서 원활할 수 없다.

원웨이 브러싱(oneway brushing)

두개피에 쿠션 브러시를 이용해서 둥글게 회전시키면서 두개피 전체에 행한다. 얼굴에서의 발제선에 따라 브러시를 넣는다. 귀 있는 곳까지 확실하게 이어서 반대쪽의 귀까지 중앙 → 오른쪽 → 왼쪽의 순서로 행한다. 좌우의 귀와 귀를 잇는 선상으로 옮겨간다.

이때 브러시를 멈추지 않고 동작을 이어서 하며 양쪽 눈의 연결부위 위치까지 확실하게 브러시를 넣는다. 브러시를 귀 뒤쪽에 대고 목선(nape line)에서 golden point를 향해 긁어 올리는 식으로 오른쪽 side에서 nape 쪽으로, 왼쪽 side에서 nape 쪽으로 브러싱한다.

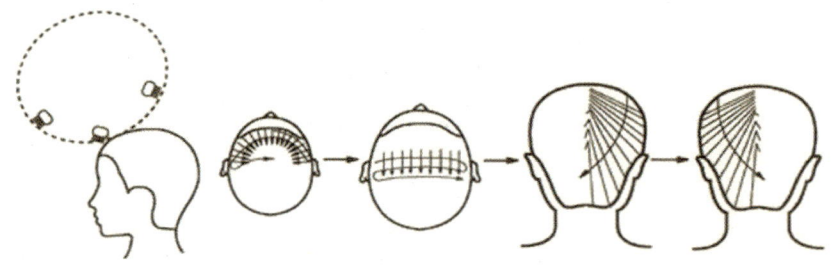

원웨이 브러싱

투웨이 브러싱(twoway brushing)

양손에 쿠션 브러시를 쥐고 행한다. 발제선의 센터에서 헴라인 전체를 둥글게 돈다. 목선(nape line)에 가까워졌을 때 몸의 위치가 바뀐다. 전체를 둥글게 돌며 동시에 몸의 위치를 바꾼다(2회 2주 실시).

전두부 부분의 중심을 크게 3개로 나눈다. 나눈 선을 중심으로 좌우 지그재그로 전발을 향해 전방으로 회전한다. 최종적으로 발제선을 향해 전체를 돌리면서 브러싱한다.

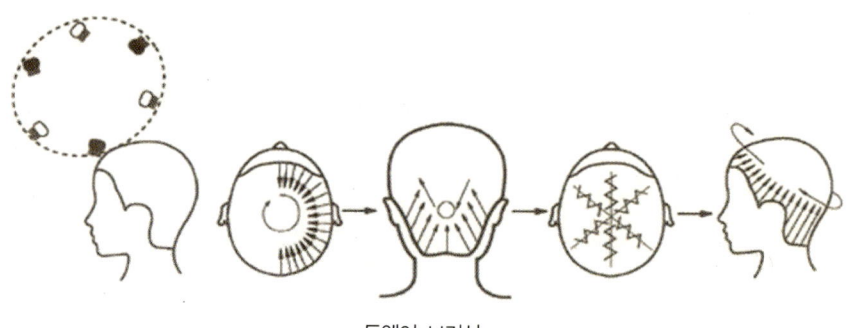

투웨이 브러싱

롱헤어 브러싱(longhair brushing)

긴 두발은 브러싱이 불충분하게 되기 쉬우므로 주의한다. 우선 후두부 포에서 두정부 곡을 향해 전발에서 안쪽으로 브러시를 넣는다. 전발, 양빈 다 함께 곡을 향해 브러싱한다. 밖의 발제선을 안쪽 곡으로 돌려 빗어 모은다. 2회 반복한다. 센터 파트에서 양쪽 사이드의 두개피부에 닿게 하면서 눌러 마는 식으로 브러싱한다. 다음으로 5cm 정도로 나누면서 겹치기로 행하여 두개피부에 닿도록 브러싱한다(2회 반복).

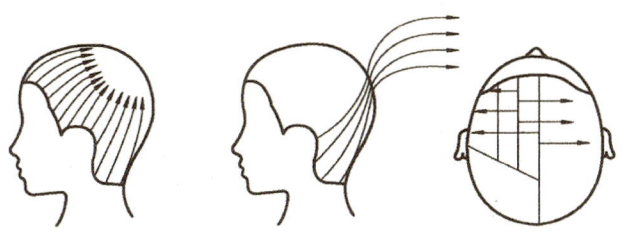

롱헤어 브러싱

2) 두부경혈 마사지 기술(Massage technique of head)

① 두부 마사지의 목적

지각신경을 자극하여 혈액순환을 잘 되게 한다. 근육과 분비선의 기능을 왕성하게 하여 두개피에 탄력을 주고 탄성섬유의 퇴화를 방지함으로써 두개피의 건강상태를 양호하게 유지시켜 준다. 피로감을 해소함으로써 함께 정신을 안정시킨다.

② 두부 마사지의 경혈과 침입점

두개피 정중선에서 고타, 경찰, 유연법으로 시술한다. 관자놀이 근처에서 크라운을 향하는 곳은 진동, 경찰, 유연법으로 시술한다.

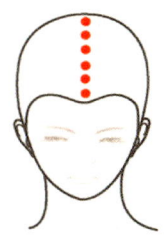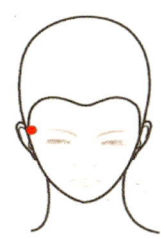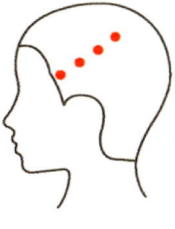

두개피 정중선과 관자놀이 근처의 경혈점

목덜미에서의 고타, 압박, 유연법 시술: 그림의 점 A와 관련하여 아주 기분이 좋아지는 것으로서 연로자에게 좋다.

어깨는 고타, 압박법으로 시술: 연로자나 위가 약한 사람, 손을 오랜 시간 사용하는 사람에게 좋다.

견갑골 주위의 압박법 시술: 손을 너무 많이 사용했을 경우, 위장이 약한 사람에게 효과가 있다.

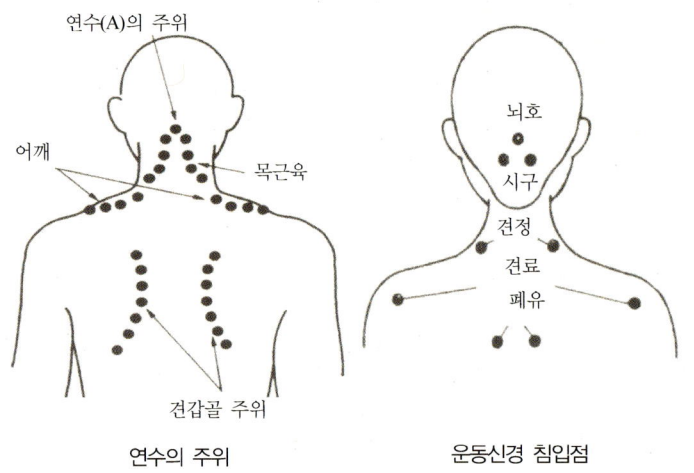

연수(A)의 주위

어깨

목근육

견갑골 주위

연수의 주위

뇌호

시구

견정

견료

폐유

운동신경 침입점

〈침입점〉

뇌호: 경추와 두개골이 맞부딪치는 부분에 생긴 패인 곳
시구: 뇌호 옆으로 1㎝ 비스듬히 아래로 움푹한 곳
견정: 목과 어깨죽지 부분
견료: 쇄골 및 어깨와 팔죽지의 패인 곳
폐유: 견갑골과 등골 사이

3) 경혈 마사지 기술

일반적으로 두개피부는 경혈을 이용한 경락관리가 효과적이다. 두부에서의 얼굴 경락은 연결선상에서의 관리로서 전신관리 효과를 높여줄 뿐만 아니라 두개피 관리를 통해 두발 건강까지도 증진시켜준다. 두부마사지의 방법으로는 한 손 또는 양손의 엄지손가락을 겹쳐서 누르거나 손바닥으로 지그시 누르는 방법이 많이 사용된다. 우선 손바닥의 도톰한 완충 면 부분을 이용해 두개피를 부드럽게 원을 그리면서 쓰다듬어준다. 이러한 방법은 두발이 건조하여 거칠거나 비듬이 갑자기 많이 생길 때, 숱이 적은 경우 두개피부가 지성인 사람에게 효과적이다.

 tip 기본동작

근육, 신경, 피부경혈할선 등 인체의 생리를 이해한 다음 아래의 기술을 행한다.
경찰법(stroking): 손바닥, 네 손가락, 엄지 등을 이용하여 가볍게 문지른다.
강찰법(friction): 피부를 누르면서 강하게 문지른다.
유연법(kneading): 약지와 엄지를 이용하여 근육을 놓았다 집었다 하며 주물러서 근육을 풀어준다.
진동법(vibration): 피부와 하부 조직에 진동을 전달한다.
고타법(percussion)
탭핑(tapping): 손가락의 바닥 부분을 이용하여 지두로 두드린다.
스랩핑(slapping): 손바닥으로 두드린다.
컵핑(cupping): 손바닥으로 컵 모양으로 만들어 옴폭하게 한 후 두드린다.
핵킹(hacking): 손바닥을 세워서 새끼손가락 측면으로 가볍게 두드린다.
비팅(beating): 주먹을 살짝 쥔 후 두드린다.

두개피부와 목의 근육, 핏줄과 신경의 위치를 잘 아는 미용사는 가장 효과적인 위치를 찾아 마사지할 수 있다. 두개피부 마사지는 여러 방법에 의해 행하는 사람과 시술과정에 의해 달라질 수 있다. 그러나 각각의 마사지를 할 때는 손가락 전체, 손가락 끝, 손바닥의 완충 면이 두개피부 부근의 근육, 신경, 핏줄을 자극할 수 있도록 손가락을 두발 밑으로 놓는다. 두개피 마사지는 목 뒤 근육에서의 승모근(僧帽筋)까지 먼저 풀어준 후 후두부 발제선과 얼굴 앞면의 경락라인을 따라 경혈부위를 찾아 꼼꼼하게 풀어준다.

그러나 이 부분은 중요한 혈관과 신경이 밀집되어 있는 곳이므로 근육들의 결과 기시부를 정확하게 파악하여 적절한 압력을 가했을 때 최대한의 효과를 볼 수 있다. 따라서 손가락 압력을 이용하여 얼굴과 두개피의 경혈점을 하나하나 자극한다. 이는 몸 속 독소 배출에 대한 원활함을 가져다줌으로써 내부 장기의 기능 개선에 따른 혈액순환이 몸의 기능을 향상시킴을 가져다준다. 관리를 받는 장소는 마음이 쉴 수 있는 환경으로 마사지를 받는 동안 아로마를 이용한 향로(香爐)를 피운다. 음악을 틀어서 마음을 편안하게 가라앉힐 수 있도록 분위기 조성과 함께 따뜻하고 환기가 잘 되는 차분한 조명의 방이나 따스한 햇볕이 드는 곳이면 더욱더 좋다. 이때 관리받는 자의 옷차림은 헐렁한 가운으로서 편안하고 허리벨트가 없는 옷과 맨발 상태가 좋다. 마음속에 있는 외부의 생각들은 잊어버리고 평온한 상태에서 쉴 수 있도록 조금 느리고 깊고 길게 하는 호흡으로 내쉬고 길게 들여 마시게 하여 마음이 이완될 수 있도록 한다.

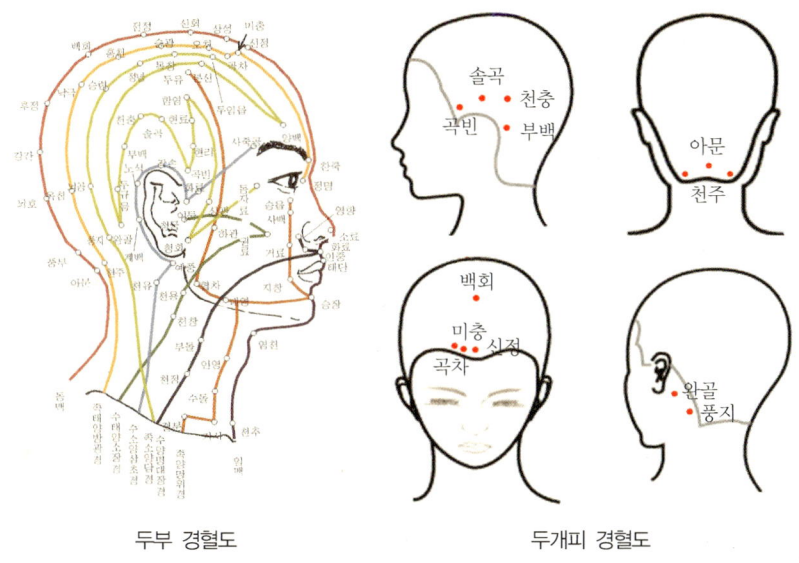

두부 경혈도　　　　　　　두개피 경혈도

전두부의 혈관과 신경의 일부: 천측두동맥, 천측두동맥 전두지, 안와상동맥, 안와상신경 등이 있다.

후두부의 혈관과 신경: 후두동맥, 소후두신경, 후미동맥, 대후동신경 등으로 연결된다

두개피 근육: 전두근, 후두근, 측두근, 두정근 등으로 나뉜다.

경혈: 두개피 전면, 후면·두개피 측면, 측두부의 경혈 등이 있다.

두개피 혈관, 신경, 근육, 경혈의 조직을 이용 다음과 같은 순서로 경혈을 이용한 지압을 한다.

- 측두부(천측동맥, 정맥, 측두절) - 경혈 위치(곡빈)순으로 지압한다.
- 귀상부(측두혈관, 신경, 근육) - 경혈 위치(솔곡 → 천충 → 부백)순으로 지압한다.
- 후두부(후두동맥, 소후두신경, 후두근) - 경혈 위치(아문 → 천주 → 풍지)순으로 지압한다.
- 전액부(안와상동맥, 신경, 전두근) - 경혈 위치(신정 → 미충 → 곡차)순으로 지압한다.
- 두정부 - 경혈 위치(백회는 양쪽 엄지를 겹쳐서 10회 정도 강하게 지압하며 천주 → 풍지는 엄지와 검지로 강하게 잘 주무른다.)에 따라 지압한다.
- 어깨 - 경혈 위치(견정 → 견외유는 엄지로 양쪽 어깨를 동시에 15회 정도 강하게 잘 주무른다.)에 따라 지압한다.

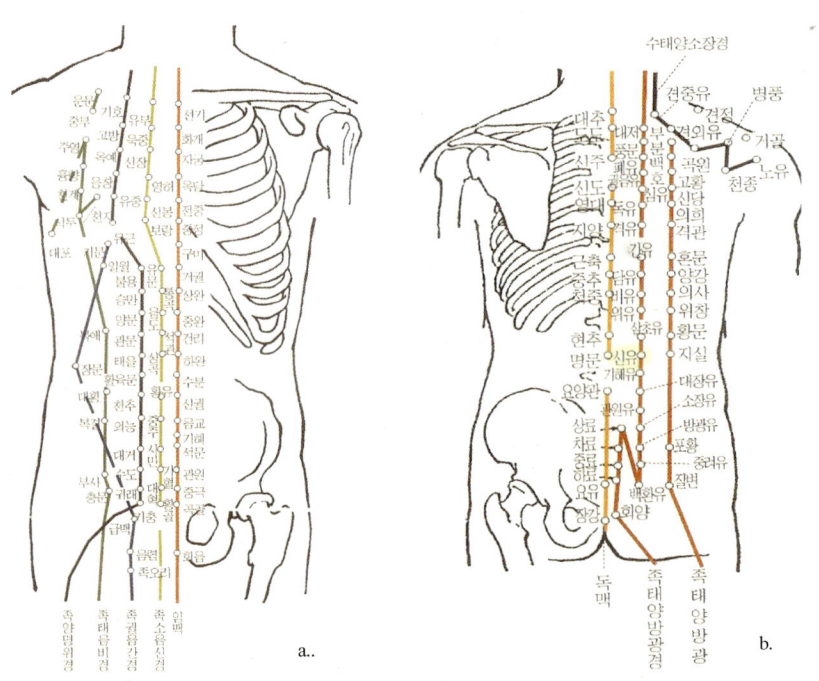

a. 흉·복부 경혈도, b. 견배요부 경혈도

두개피 경혈지압 실제

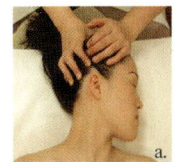 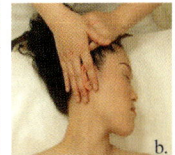 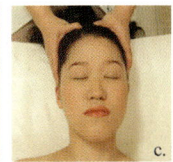 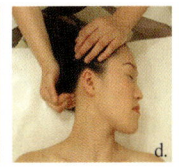 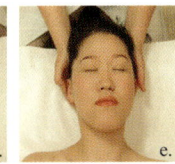

- 사지구를 이용하여 측두근을 지그시 눌러준다.
- 이근을 검지와 중지 손가락 사이에 두고 자극한다.
- 모지구를 이용하여 두 정근부분을 3등분해 모지복으로 압박하여 상하 이동하며 눌러준다.
- 측면으로 얼굴을 눕힌 후 사지첨을 두개피 내 모발 뿌리 부분을 압박 신전한다.
- 정면 바른 자세로 두개피 내 모발 뿌리 부분을 사지첨을 이용하여 압박 신전한다.

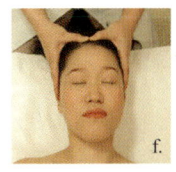  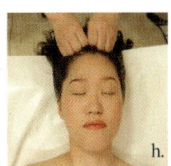  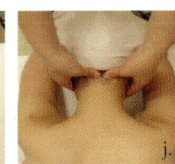

- 모지복를 맞잡고 백회혈을 눌러준다.
- 측두근 부위를 사지첨으로 돌려주면서 압을 준 후 내려갈 때는 긁어주면서 천천히 내려준다.
- 각권을 이용하여 발제선을 지그시 눌러준다.
- 사지복를 이용하여 발제선을 양손으로 눌러준다.
- 모지복을 이용하여 아문, 천주, 완골혈을 눌러준다.

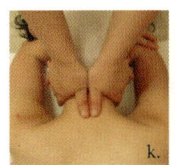 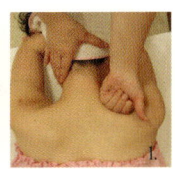 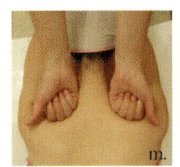 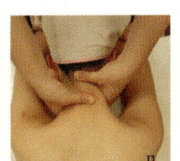 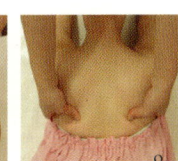

◦ 아문혈을 중심으로 대추혈까지 모지복으로 쓸어내린다.

◦ 한 손을 주먹 쥐고 천주혈에서 견우혈까지 쓸어내린다.

◦ 양손을 주먹 쥐고 천주혈에서 견우혈까지 쓸어내린다.

◦ 모지복을 이용하여 아문혈에서 대추혈까지 비틀어준다

◦ 모지복을 이용하여 견갑골을 쓸어 내려준다.

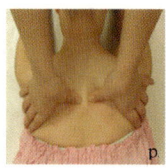 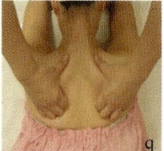 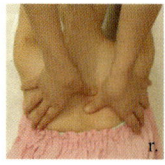 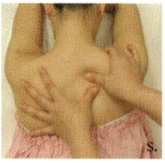 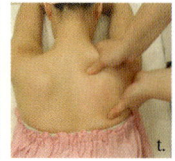

◦ 모지복을 이용하여 폐수, 궐음수, 심수를 지압한다.

◦ 양손을 주먹 쥐고 견갑골을 쓸어내린다.

◦ 모지복을 일직선으로 하여 방광경을 쓸어내린다.

◦ 모지복을 이용하여 견갑골을 아래에서 위로 쓸어준다.

◦ 모지복을 이용하여 견갑골을 좌우로 쓸어준다

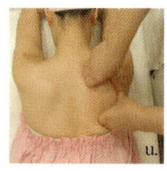 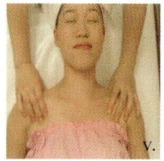 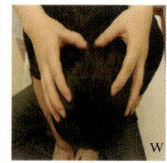 

◦ 양손을 주먹 쥐고 견갑골을 좌우로 쓸어준다.

◦ 모지복을 이용하여 견정, 견우혈을 양손으로 눌러준다.

◦ 모지복을 이용하여 강간혈을 지압한다.

◦ 한 손은 이마에 두고 호구부위를 이용하여 경추부위를 지압한다.

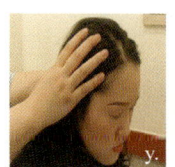 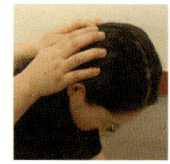 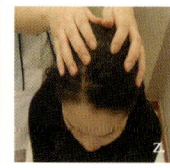

◦ 사지복을 이용하여 측두근을 지그시 쓸어내린다.

◦ 후두부위를 사지복을 이용하여 지그시 누른 후 쓸어내린 후 수장을 이용하여 두부 전체를 쓸어내린다.

3. 세발의 실제방법(True method of shampooing)

① 손님이 어떠한 서비스를 원하는가 상의하여 세발에 사용될 용제나 시술 테크닉을 계획한다.

② 손님을 샴푸대로 안내하여 의자에 앉힌다. 그리고 손님의 왼편이나 오른편에 선다.

③ neck strip 또는 타월을 손님의 뒤쪽에서 두른 다음 샴푸 케이프를 착용한다(shampoo cape 가장자리에서 타월이 1㎝ 정도 밖으로 나오도록 착용한다).

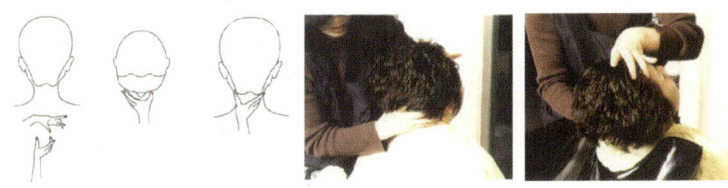

④ 손님의 어깨를 가볍게 받치고 '실례하겠습니다'라고 한 후 오른쪽 손의 엄지, 검지, 중지 손가락으로 'U'자형을 만들어 목덜미의 두발을 밑에서부터 들어 올려 목에 살짝 대고 약지손가락과 엄지손가락으로 이마를 살짝 잡아서 뉘이면서 '누우십시오'라고 하며 등받이에 누인다.

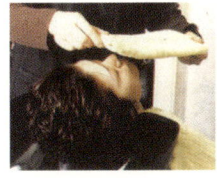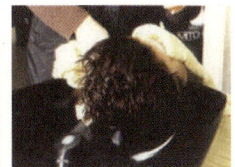

⑤ 물과 샴푸액이 얼굴에 튀는 것을 막기 위해 face mask를 사용하여 얼굴 면을 덮는다.

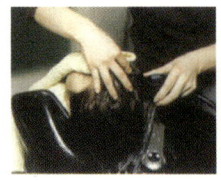 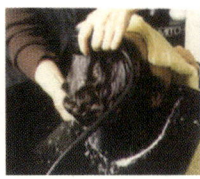 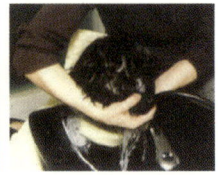

⑥ 왼손으로 샤워기를 조절하고 앞이마 발제선에서부터 두발과 두개피부를 적당한 온수(38~40℃)로 골고루 적신다(샤워기를 두개피부에 가깝게 하는 편이 수압도 있으며 손님에게 물을 충분하게 사용하는 것처럼 느껴지므로 심리적 마사지의 효과도 느낄 수 있다).

  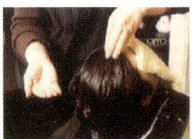  

⑦ 적절한 양의 샴푸(약 5g 정도)를 양손바닥과 손가락을 사용하여 두개피부에 골고루 펴 바른다. 순서는 전두부, 측두부, 두정부, 후두부 순으로 바른다.

⑧ 오른손으로 발제선의 오른쪽 귀 뒷부분에서 지그재그 형으로 마사지해주며 왼손은 두개피부를 고정시켜준다. 이 같은 동작을 3번 정도 반복하며 ear to ear, golden part까지 연결시킨다(오른쪽 → 왼쪽 → 오른쪽).

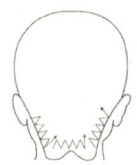
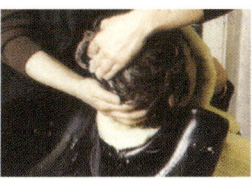

⑨ 후두부(back part)는 왼손과 오른손으로 nape side line의 좌우에서 시작하여 지그재그 형으로 back point에 와서 만난다. 3번 정도 왕복한다.

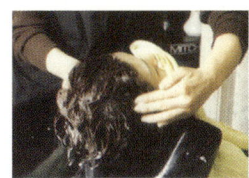
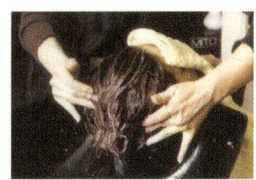

⑩ 손님의 후두부 부분은 왼손을 돌려 무게를 받치듯이 조금 들어 올리고 오른손으로 지그재그로 좌측 ear part에서 우측 ear part를 따라 마사지한다.

⑪ 두개피 전체의 긴장을 풀어주는 식으로 양손을 교차시켜 마사지한다.

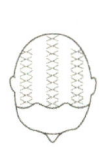
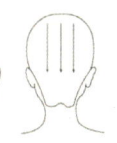

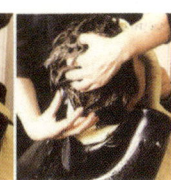

⑫ 양쪽 손가락의 면을 이용하여 두개피부를 집어서 가볍게 퉁겨준다.

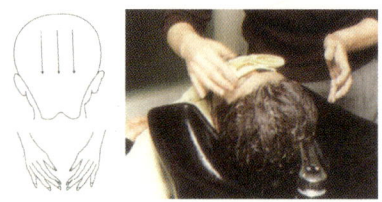

⑬ 두발이 당겨서 아프지 않도록 주의하여 전발, 포 등에 묻어 있는 거품을 두발 끝 쪽으로 밀어내서 제거한다.

⑭ 시술자의 손에 묻은 거품을 씻어내고 난 후 손님의 이마 얼굴 발제선에서 시작하여 측면 후두부까지 깨끗이 헹구어낸다. 샴푸 시 3~5분 소요시간 정도에서 끝낼 수 있다.

● 요약

1. 두개피 클렌징에서 요구되는 샴푸는 두개피를 청결히 하여 생리를 조절함이 목적이 된다. 두개피에 부속된 때(soil)는 브러싱에 의해 떨어지거나 물에 녹는 수성의 때와 기름에 녹는 유성의 때로 구성된다. 젖은 두발에 계면활성제를 도포하면 계면활성제 분자는 용액 중의 평균 농도로부터 두발 계면에 흡착되어 계면장력을 저하시킴으로써 두발 내 때의 부착력을 약화시켜 두발표면에서 roll-up 분리된다.

2. 샴푸제의 성분은 고급 알코올계 계면활성제로서 분자 구조상 물에 녹기 쉬운 친수성 원자단과 기름에 녹기 쉬운 친유성 원자단을 동일분자 내에 지니고 있어 이 두 개 원자단의 힘세기에 따라 계면활성제로서의 성질이 변화한다. 샴푸의 pH는 두발에 양향을 주지 않는 4~7의 약산성에서 중성영역이 가장 적당하며, 샴푸제 선택할 시 두발상태뿐 아니라 두개피부 상태에도 주의하여 조건이 가장 나쁜 부분에 초점을 맞추는 것이 중요하다.

3. 양질의 샴푸제는 변색, 침전 등이 되지 않고, 안정되어야 하며, 적당한 점도와 향 등이 사용하기 쉽고, 눈이나 피부에 자극이 없는 적당한 세정력을 지닌 감촉이 우수한 것이 좋다.

4. 샴푸 시술의 실제는 와식, 좌식 등의 앉는 자세에 따라 샴푸 기술은 달라지지만 두개피 형상에 따라 보편적이며 일정한 패턴을 갖는다.

● 연습 및 탐구문제

1. 때인 두개피 오염물질에 대해 설명하시오.
2. 샴푸제 성분인 계면활성제의 원자단에 대해 설명하시오.
3. 샴푸제의 종류를 구분하고 특징에 대해 설명하시오.
4. 샴푸제와 pH, 물 관계를 관련지어 논하시오.
5. 샴푸제의 평가와 일반적 사항에 대해 적용하여 설명하시오.
6. 세발의 실제방법을 매니플레이션 동작을 통해 설명하시오.

Chapter 8

두발 컨디셔너

● 개요

샴푸 과정에 의한 유·수분의 탈지는 모발 바디감을 거칠게 함으로써 정전기 또는 빗질 상태를 거칠게 한다. 그러므로 양호하게 처리하기 위해서는 양이온 계면활성제를 사용한 린스제가 일반적으로 사용되고 있다. 양이온 계면활성제는 pH 3~5 정도의 단백질 친화력이 커서 두발표면에 엷은 피막을 형성시켜 대전방지효과 이외에 유성성분을 보급시킴으로써 마찰저항을 감소시킨다. 린스제는 레몬, 구연산, 식초 등의 산린스와 산성린스로 구분된다. 샴푸 직후 말끔히 헹군 후 컨디셔너제로 마사지한다. 두발보호를 위한 목적으로 사용되는 트리트먼트제는 대전방지제, 유지류, 습윤제, 모질 개량제, 계면활성제 등이 배합됨으로써 유·수분을 두발에 보급한다.

● 학습목표

1. 린스의 개념과 목적에 대해 말할 수 있다.
2. 린스제의 조건과 종류 시술의 실제방법 등을 적용하여 말하거나 시현할 수 있다.
3. 트리트먼트의 개념과 목적, 종류 등을 설명할 수 있다.
4. 트리트먼트제의 사용법에 대하여 적용할 수 있다.

● 주요용어

헹구다, 양이온 계면활성제, 대전방지, 경혈, 트리트먼트, 두발 처치, 시스테산

Chapter 8.

두발 컨디셔너
(Hair conditioner)

최근에는 생활양식 등 변화에 수반하여 '두발관리'의 관심이 높아지고 세발 횟수도 늘어나고 있는 경향이다. 샴푸 시 두발은 세정작용에 의해서 유·수분이 부족하기 쉽고 푸석푸석하여 빗질이 잘 안 되는 상태가 되기 쉽다. 이러한 상태가 계속되면 두발은 건성모발이 되어 물리적 손상의 원인(hair breakage)이 된다. 현재로는 양이온 계면활성제를 사용한 린스제가 일반적으로 넓게 사용되고 있다. 샴푸를 한 두발은 브러싱에 의해서 정전기가 발생하여 마무리 정돈이 어려운 때도 있다.

양이온 계면활성제를 사용하면 양이온 계면활성제의 +이온과 두발의 -로 대전된 부분이 이온 결합하여 모발표면에 엷은 피막을 형성한다. 이 피막은 마찰저항을 감소시키고 정전기의 발생을 방지하는 것으로 빗질이 잘 됨으로써 정발이 형성된다. 양이온 계면활성제의 단백질 친화력이 모발에서의 정전기 발생을 큰 폭으로 저하시킨다.

1. 린스(Rinse)

1) 린스의 목적(Objective of rinse)

> 두발이나 두개피부는 모낭 내 피지선에서 분비되는 피지로부터 보호된다. 알칼리제 샴푸를 이용한 샴푸과정에서 피지는 씻겨나가게 되므로 유성성분의 보급이 요구된다. 최근에는 두발에 유성성분을 보급하기 위해 여러 가지 유성성분을 배합한 컨디셔너 효과가 높은 린스제를 많이 사용하고 있다.

린스는 본래 '씻다, 행구다'라는 의미로서 샴푸제로 세발 후에 사용함을 나타낸다. 린스제의 사용은 두발표면을 보호함과 동시에 탄력 있고 부드러우며 족족한 두발로서 정돈하기 좋은 연마제의 목적을 가진다. 린스제는 대전방지 효과 이외에 유성성분을 보급하는 목적이 있다. 건강한 두발은 pH

4.5~5.5 약산성의 등전가를 나타낸다. 린스제의 pH는 3~5 정도로 조정되어 있는 것이 많으며 양이온 계면활성제와 함께 유성성분이 피막을 형성 광택과 함께 건조함을 방지시키는 효과를 갖는다.

2) 린스제의 조건과 종류(A condition and kind of rinse)

미용실 내 린스 시술과정에 있어서 두개피부 및 두발에 관한 지식이나 경험이 요구된다. 이는 손님의 두발상태나 성질에 따라 도포량 또한 적당량과 헹굼 시 적당한 온도의 수압으로 충분히 씻어냄으로 두개피부에 잔류되지 않게 한다.

린스제의 조건

두발을 부드럽고 탄력 있게 하며 촉촉하게 할 수 있어야 하며 그 밖에 연속 사용하더라도 끈적거리거나 굳지 않음으로서 모발조형에서의 영향을 주지 않는 것 등이 필요하다.

- 두발에 수분이나 유성성분을 보충하여 자연스러운 광택을 주며 정전기 발생을 억제하고 빗질이 잘 되도록 할 수 있어야 한다.
- 두발을 보호하며 정돈하기 쉽고 스타일링하기 쉬워야 한다.
- 눈이나 두개피부에 자극이 없고 안정성이 높아야 한다.

린스제의 종류

20년 전의 세발은 비누 또는 비누에 탄산나트륨($NaCO_3$)이나 천연규산염을 혼합한 분말샴푸가 사용되었다. 비누를 사용할 경우 모발이 짧은 남성의 경우 문제가 없었으나, 모발이 긴 여성은 다소 잔유하는 알칼리분과 광택을 저해하는 비누 찌꺼기를 제거하기 위해 레몬즙과 구연산 등의 산성액으로 헹구어내어야만 했다. 즉, 비누 계통의 샴푸에 의해서 사용 중인 물 중에 칼슘, 마그네슘 등에 의해 생성된 이른바 물때로서 칼슘비누 등의 금속비누를 제거하기 위하여 사용하였으므로 산린스였다. 그러나 합성세제로 만든 샴푸가 보급된 후에는 이러한 문제는 사라졌으나, 탈지력이 너무 강해 세정 후의 푸석푸석함을 제거하기 위해 올리브유 등을 끓는 물에 넣어 헹구어냈다.

3) 린스 시술의 실제방법(True method of performing rinse)

샴푸 직후 말끔히 헹군 후 린스제로 마사지한다. 샴푸는 '감는다'라는 뜻으로 오물이나 때를 제거한 후에 린스는 '헹군다'라는 뜻으로 빗질, 정전기 방지, 두발 영양보충, 알칼리화된 두발을 중화시키는 등의 의미가 내포된 시술이다.

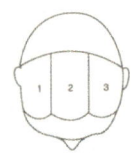 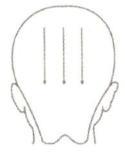 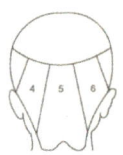  

① 린스제를 5g 정도 왼손에 담고 오른손으로 찍어 두발 가운데를 갈라 두개피부 가까이에 골고루 전두부 → 측두부 → 후두부 순으로 도포한다.

② 발제선에 원을 만들면서 서핑쿨러의 동작기법으로 3번 반복 마사지한다.

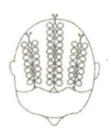 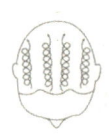   

③ 센타 포인트에서 탑 포인트를 지나 골덴 포인트까지, 즉 중앙선을 향해서 서핑쿨러 동작기법으로 다시 3회 반복한다.

④ 3, 4번 동작에 의해 손이 가지 않은 측두부 쪽(eat to ear line)은 오른손, 왼손 같은 동작으로 지그재그로서 두개피부를 손이 미치는 범위 내로 (nape side line) 골고루 마사지한다.

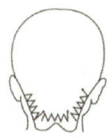 

⑤ 손님의 후두부 부분은 왼손으로 들어 받쳐 조금 들어 올리고 오른손으로 네이프 라인을 지그재그로 좌측 이어 파트에서 우측 이어 파트를 따라 3회 반복 마사지한다.

   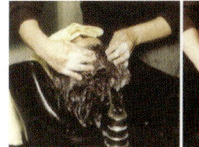  

⑥ 두개피 전체의 긴장을 풀어주는 식으로 양손을 교차시켜 하나, 둘, 셋, 넷의 동작으로 손가락을 엇갈리게 넣어 마사지한다. 네이프 포인트까지 골고루 한 후에는 한 동작이 끝나고 나면 항상 위에서 아래로 두발을 훑어 내린다.

     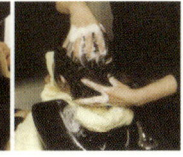

⑦ 오른손, 왼손의 손가락 완충 면을 이용하여 두개피부를 집어서 같은 포인트에 4번 정도 같은 동작으로 가볍게 튕겨준다. 네이프 라인까지 다 마친 후 두발을 쓸어내린다.

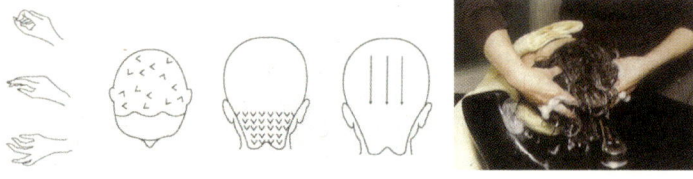

⑧ 지정된 룰 없이 가볍게 두개피 전체를 한 번씩만 튕겨준다.

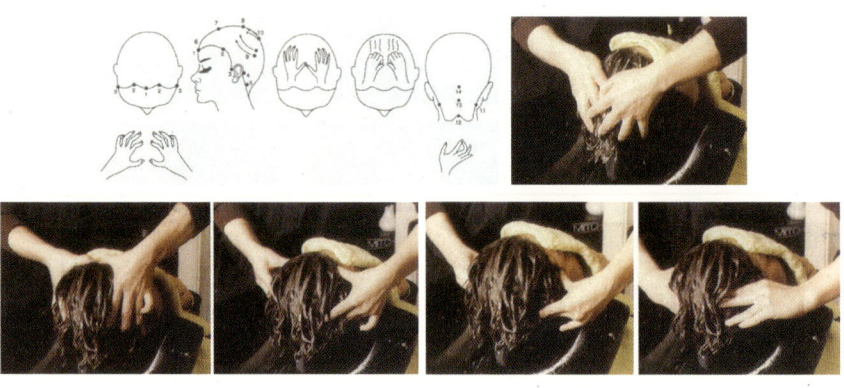

⑨ 두발을 정돈하고 난 뒤 지압점을 찾아 지압해준다.

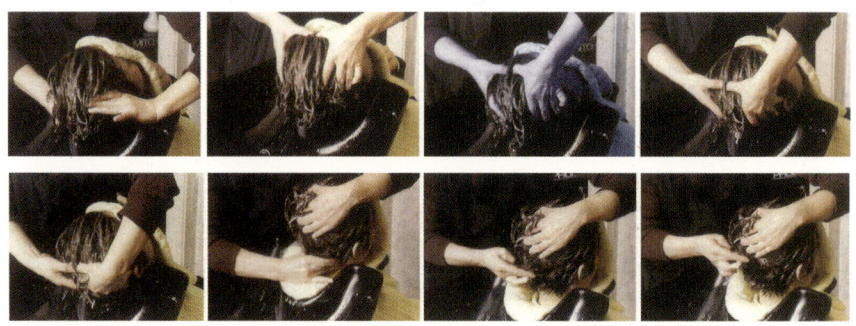

⑩ 지압점 C.P → E.S.P → N.S.P → C.P → C.M.T.P → T.P → G.P를 지압
하고 다섯 손가락으로 두상 전체를 끌어 올리듯 2~3번 정도 가볍게
쓸어준다. N.S.C.P를 엄지와 약지로 가볍게 압력을 넣고 N.P에서 2마
디 위로 4마디(완골 → 풍지 → 천주 → 아문)로 갈라 압력을 넣는다.

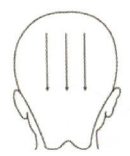  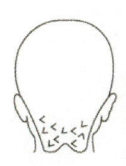  

⑪ 압력을 넣은 두개피를 가볍게 쓰다듬어 주고 손가락 완충 면으로 순서 없이 튕겨준다.

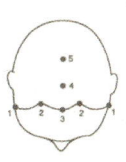 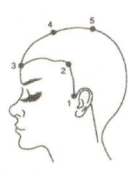 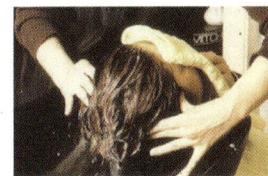 

⑫ E.C.P에서 시작 S.P → C.P → T.P → G.P까지 3번 정도 돌리면서 튕겨 준 후 두발을 위에서 아래로 쓸어준다.

 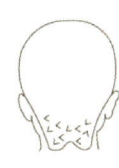 

⑬ 가볍게 전체 두개피를 손가락 완충 면으로 튕겨준다.

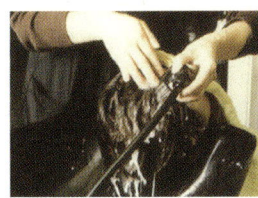 

⑭ 마사지를 끝내고 발제선으로부터 샤워기를 두개피부 가까이 대고 문 지르면서 말끔히 헹구고, 마무리도 섬세하고 정갈하게 공손히 한다.

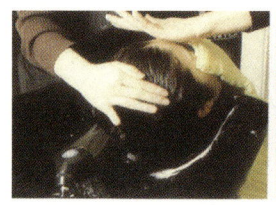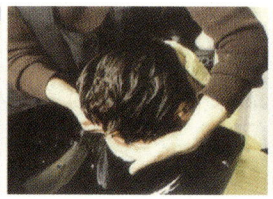

⑮ 이마선, 목둘레선에 묻은 용제를 손으로 훑어서 제거한다.

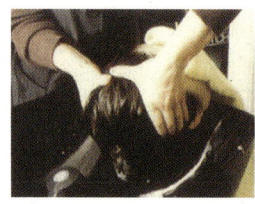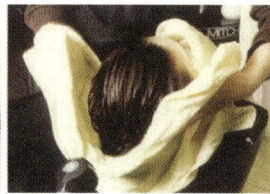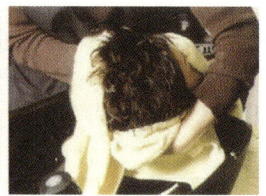

⑯ 두발의 물기를 짜준 후 샴푸볼에 눕힌 상태에서 타월로 두발의 물기를
   말끔히 닦는다.

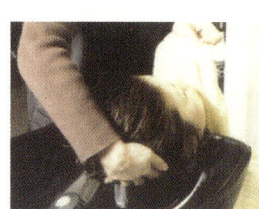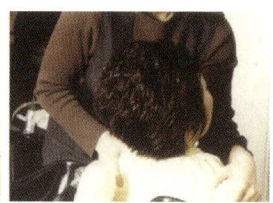

⑰ 눈을 가리고 있던 face mask를 벗기면서 고객에게 '수고하셨습니다' 하
   면서 고객의 어깨를 두 손으로 감싸면서 윗몸을 일으켜 세운다.

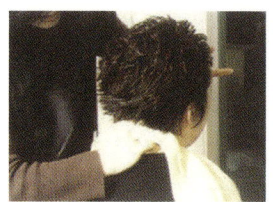

⑱ 이깨 위 목덜미 부분과 이마 관자놀이 부분에 압을 주면서 혈을 풀어
   준다.

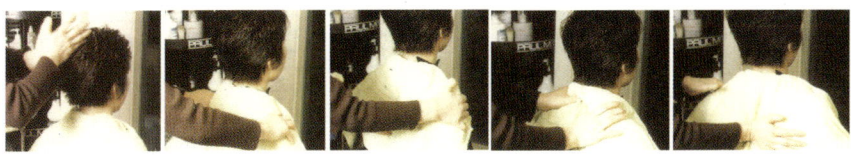

⑲ 두개피 전체를 태핑(tapping)한다.

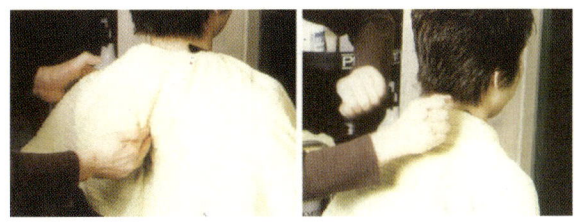

⑳ 어깨를 감싸면서 압을 준 후 주물러 풀어주고 견갑골에 압을 주고 골
반까지 경혈을 찾아 압을 주면서 마사지해준다.

2. 트리트먼트(Treatment)

육모관리 및 처치는 전문적인 모발지식을 갖고 있는 미용인의 일차적인 과제이다. 식물이 토양에 의해 좌우되듯이 두발도 두개피부가 건강함으로써 건강한 두발을 지니는 데 중요한 요소가 된다. 정상 두개피부는 피지선에서 분비된 피지와 땀이 적당하게 섞여 있어 약산성의 피지막을 만들어 수분의 건조와 더불어 촉촉함을 갖는다.

그렇지만 연령이나 계절에 따라 피지선의 역할이 약해져서 피지의 분비가 저하되어 두개피부가 건조성이 되기도 한다. 또 염모제나 펌용제는 일반적으로 알칼리성인 것이 많아 처리 후에 알칼리제의 영향으로 두개피부도 팽윤하여 일시적으로 가려움이나 비듬이 생성되기 쉬울 때도 있다. 더욱이 두개피부는 다른 부위의 피부와 달리 두발로 덮여 있어서 습도도 높고 피지나 땀의 분비도 많다.

따라서 불결한 채로 놓아두면 세균 등의 번식에 의해 비듬이나 가려움 같은 불쾌감을 수반할 뿐만 아니라 탈모 같은 원인이 되는 수도 있다. 이와 같이 두개피부를 정상적인 상태로 정돈함과 동시에 건강한 두개피부를 손상되지 않도록 하는 것이 두개피 처치이다.

관리 전후를 비교한 결과 두개피부 유형에 따라 관리제품과 시술방법 등이 달랐으며, 두개피부에 도포한 후에는 마사지하는 것도 중요하였다. 마사지는 두개피부의 혈행을 좋게 함과 동시에 제품의 침투력도 높여 주었으며, 이때 스티머를 병행하면 더욱 효과적이었음을 사진을 통해 확인할 수 있었다.

두개피부를 청결하게 유지하는 데는 샴푸과정도 두개피 처치과정의 일종이라 볼 수 있듯 샴푸과정은 두발의 때를 씻어내는 것뿐 아니라 두개피의 때나 노화각질, 여분의 피지분을 씻어냄으로써 청결을 유지하고 비듬이나 가려움을 방지하였다. 동시에 손가락 마사지는 두개피부의 혈행을 촉진하는 역할도 한다. 두개피부의 건강상태나 두발의 성장에 관해서는 두개피 처치제를 사용하는 것은 당연하지만, 홈케어 제시의 일환으로 생활환경, 식생활, 일상생활에서도 영향을 받는다는 것을 살펴볼 수 있었다.

1) 트리트먼트의 목적(Objective of treatment)

두발은 두개피부와 달리 한 번 손상되면 원래의 상태로 회복되지 않는다. 따라서 두발의 손상을 방지하는 일은 아름다운 두발을 갖기 위해서 가장 중요한 일이다. 그래서 손상모이건 건성모이건 두발의 건조화를 방지하기 위해서 수분과 유분을 보급하고 광택과 활력, 유연성을 주는 것이 중요하다.

'치료, 처리, 처치'라는 의미를 가진 트리트먼트는 두발에 수분, 유분을 보급한다. 이러한 처치는 두개피부나 두발을 튼튼하게 유지하고 적모, 열모, 절모, 지모, 비듬방지의 효과와 함께 폭넓은 의미로서 린스제, 토닉, 헤어크림 등도 포함된다. 이러한 목적으로 사용되는 것이 두발트리트먼트제이다. 또한 두개피부를 청결하게 하거나 유분을 보급하고 건조화에서 보호하거나 두개피부의 상태를 정상으로 하여 건강하게 유지할 목적으로 사용되는 두개피 트리트먼트제(scalp treatment agent)가 있다.

2) 트리트먼트제의 종류(A sort of treatment agent)

두발트리트먼트는 그 사용목적, 사용방법, 형상에 따라 몇 가지 종류가 있다. 사용목적에 따른 분류를 보면 두발의 건강을 유지하고 손상으로부터 예방하기 위해 아침, 저녁 두발손질에 사용하는 트리트먼트제, 손상모의 진행을 방지하고 회복시키는 트리트먼트제, 펌 또는 염·탈색모 등을 시술할 때 손상부에 도포하여 용제로부터 두발을 보호하기 위한 사전 처리제(pre treatment agent), 일광의 자외선에 의한 두발의 단백질이나 염색모의 퇴색을 방지하기 위한 자외선 흡수제 등을 배합한 트리트먼트제 등이 있다.

사용방법에 따라서는 도포 후 헹궈내는 타입과 헹궈내지 않는 타입의 두 종류가 있다. 헹궈내는 타입의 트리트먼트제는 양이온 계면활성제나 유성성분이 풍부하게 배합되어 있는 것으로 손상모의 회복이나 방지에 적당하다. 헹궈내지 않는 트리트먼트제는 필요 이상으로 도포하면 너무 심하게 달라붙는다든가 세트가 풀린다든가 하기 때문에 유성성분이 배합도 어느 정도 제한된다. 일부 양이온 계면활성제의 배합량은 0.05% 이하로 규제되고 있다. 이 타입의 트리트먼트제로서는 두발크림 등이 있지만 두발손상의 예방 목적으로 사용된다.

크림 타입의 트리트먼트제

크림 타입의 트리트먼트는 일반적으로 가장 넓게 사용되고 있다. 사용법으로서는 헹궈내는 타입이 많고 일부 헹궈내지 않는 타입도 있다. 이는 두발손상 정도에 따라 사용하는 것으로 유성성분, 양이온 계면활성제와 습윤제 등을 배합시켜 유화시킨 것과 두발의 상태에 따라 폴리펩타이드를 배합한 것도 있다. 사용 후에는 두발에 유분이나 수분을 보급하고 건조를 막는다. 즉, 광택성과 유연성에 따른 촉촉함 등이 손상모에 한하지 않고 건강모를 손상으로부터 보호시킨다.

분사형 타입 트리트먼트제

에어졸 타입(aerosol type)으로서 내용물을 가스의 압력에 의해서 분사시키는 트리트먼트제이다. 이 타입은 손쉽게 사용할 수 있는 편리함이 있기 때문에 최근에 급격하게 신장하여 가정에서도 폭넓게 사용되고 있다.

이 제품에는 분사한 상태가 안개 같은 것과 거품이 나오는 것이 있다. 어느 것이나 물로 씻어내지 않는 것이 많다. 안개 타입의 것은 유성성분으로 실리콘, 라놀린 유도체, 폴리펩타이드 등을 배합한 것이 많으며 두발표면에 유분을 보급하여 광택을 주며 빗질이 잘 되도록 하는 목적을 가진 제품이다.

거품 타입의 것은 유성성분 외에 기포제를 배합하여 분사할 때 거품이 나오도록 되어 있다. 가늘고 부드러운 두발에 힘을 주거나 강하고 뻣뻣한 두발을 부드럽게 하는 효과를 지닌 것과 세트제를 배합하여 세트 효과를 아울러 지닌 것도 있다. 어느 것이나 두발손상 방지를 위해 브러싱 등에 따른 매일 요구되는 두발손질에 필요한 제품이다. 이 제품은 화기 근처 또는 고온에서의 보관을 피하고 사용 후에는 구멍을 뚫어서 재활용에 분리시킨다.

앰플 타입 트리트먼트제

이 타입의 것은 구미제품에서 많이 볼 수 있는 가늘고 부드러운 두발에 힘이나 탄력을 주기 위해 폴리펩타이드를 고농도로 배합한 것이다. 이는 건조하여 광택이 없는 두발에 유성성분을 보급하기 위해 올리브유 같은 식물성이나 라놀린 유도체, 실리콘 등을 배합한 것이 있다. 외관은 투명하거나 반투명하며 일부 점상을 하고 있는 것도 있다. 사용법으로는 샴푸 후나 펌, 염·탈색 기술 등의 전처리용으로 사용된다. 제품형태는 캡슐(capsule)이나 앰플(ample) 모양으로 1회 1인용으로 사용된다. 현대에 있어서 대부분의 고객에게는 다른 사람이 쓰고 남은 것을 사용하지 않음으로 자기 것만을 사용한다는 만족감을 준다.

3) 트리트먼트제의 사용법(How to use treatment agent)

두발트리트먼트제에는 사용목적이나 내용성분에 따라 많은 종류가 있다. 그 특성에 맞는 사용법을 택하는 것이 효과적이다.

손상예방을 위한 두발처치

최근에는 가정에서의 헤어스타일링을 위해 블로우 드라이어 스타일링으로 리셋(reset)한다. 이때 블로우 드라이어를 고온에서 사용하면 두발의 단백질을 변성시키거나 단백질을 용출시켜 두발을 건조화시킨다. 그러므로 블로우 드라이어로 마무리 할 때에는 두발에 크림상 타입이나 거품상 타입의 트리트먼트제를 도포하여 브러싱할 때에 마찰을 적게 함과 동시에 건조화를 막는 것이 필요하다.

두발을 손상시키는 원인에는 여러 가지가 있지만 조금만 주의하면 손상을 예방할 수가 있다. 그 예로 먼저 브러싱 시 빗질을 부드럽게 하여 마찰에 의한 저항을 적게 하는 것이 중요하다. 브러싱할 때는 모표피에 손상을 주기 쉽고 절모나 지모가 되기 쉽다. 그러므로 모표피에 유분을 보급하여 두발표면을 매끄럽게 함과 동시에 양이온 계면활성제 등으로 정전기 발생을 억제하고 빗질이 부드럽게 되도록 하는 것이 필요하다. 미용실에서의 끝마무리 외에 가정에서 일상 손실이 나쁘면 두발 건강이 손상을 입게 된다. 진정한 미용사는 일상의 두발손질에 관하여 고객에게 안내해주는 것도 중요한 일 중의 하나이다.

모질에 따른 처치

모발 처치제에 배합되어 있는 유성성분은 보통 미립자로 유화되어 있는 것으로 모표피 틈새로부터 모피질 속으로 침투하여 모발을 부드럽게 한다. 또 모표피를 유성 피막으로 덮어 수분증발을 억제하고 건조방지의 역할도 한다. 특히 손상이 심한 두발이나 가늘고 부드러운 두발에는 폴리펩타이드를 주제로 한 트리트먼트제가 적당하다. 이 폴리펩타이드는 분자량이 작아서 아미노산 유출로 인한 다공성이 된 손상부에 흡착 또는 침투하여 보강시키는 작업을 한다.

염·탈색 모

두발이 손상을 입으면 물리적 변화(hair breakage)와 화학적 변화(hair damage)가 일어난다. 물리적 변화에는 광택, 강도, 탄력의 저하, 마찰저항의 증대, 수분능력의 저하 등이 있다. 화학적 변화에는 시스틴 양의 감소와 시스테인산(cysteic acid)의 증가를 대표하는 아미노산 조성의 변화나 다른 종류의 아미노산 생성 등이 있다.

두발트리트먼트제의 성분은 총체적으로 손상의 진행을 억제시켜 손상모를 회복시키며 모질 개량을 한다. 손상모에 두발트리트먼트제 처리를 몇 번 되풀이하게 되면 인장력, 강도나 신장률이나 탄력이 어느 정도 회복되어지는 것을 알 수 있지만 완전히 회복되지 못하므로 더 이상 손상되지 않도록 항상 주의해야만 한다. 트리트먼트제를 도포한 후에도 스티머를 이용하는 것도 효과적이다.

펌 된 모발의 처치

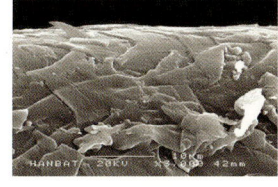

펌 처리모

아름답고 오래가는 펌을 형성시키기 위해서는 토대가 되는 두발이 건강해야 한다. 손상된 두발에서의 펌 시술은 자칫하면 over time이나 강한 펌용제에 의하여 절모를 일으킬 위험도 있다. 따라서 펌 시술 전에 두발상태를 잘 관찰하여 거기에 맞는 처리를 할 필요가 있다.

손상된 두발에서의 펌 시술 시 트리트먼트 처리는 어느 정도 손상을 회복시킨다. 두발트리트먼트제의 시술횟수나 사용할 처치과정은 손상의 정도에 따라 다르다. 두발성장에 있어서 한 달에 약 1㎝, 1년에 약 12㎝ 정도 자라나기 때문에 한 올의 두발이라도 모근과 모간의 상태는 다르며 모간은 아무래도 변화가 심할 수밖에 없다. 용제가 갖는 역할도 다르기 때문에 트리트먼트제를 이용함으로써 모근에서 모간까지 고른 펌 시술이 가능하다.

폴리펩타이드 등을 배합한 트리트먼트제는 손상부에 침투하기 쉬운 액상의 것이 적당하다. 두발을 약간 건조시키는 것이 트리트먼트제가 잘 흡수된다. 손상부에 흡수된 전처지제가 펌 용제의 침투를 적당하게 억제함으로써 펌 용제의 작용을 고르게 하여 너무 지나침을 방지하고 아름다운 웨이브를 얻을 수 있는 것이다. 손상 정도가 클 경우에는 전처지로서 크림타입이 적당하다. 크림타입을 사용할 때는 그 속에 배합되어 있는 유성성분 등에 의해서 과잉보호되는 수도 있다.

펌 용제의 작용이 필요 이상 억제되어 오히려 웨이브가 나오지 않는 경우도 있으므로 주의해야 한다.

요약

미용실 내 린스 시술과정에 있어서 두개피부 및 두발에 관한 지식이나 경험이 요구된다. 이는 손님의 두발상태나 성질에 따라 도포량 또한 적당량과 헹굼 시 적당한 온도의 수압으로 충분히 씻어냄으로 두개피부에 잔류되지 않게 한다.

1. 린스제는 두발을 부드럽고 탄력 있게, 촉촉하게 할 수 있어야 하며, 눈이나 두개피부에 자극이 없고 안정성이 높아 모발 조형술에 영향을 주지 않아야 한다.

2. 산린스는 불용성 금속비누를 제거하기 위한 목적으로 사용되었으나 현재는 펌 또는 염모 처리 후 잔류 알칼리 성분을 중화시키는 중화과정의 역할로서 사용되고 있다. 특히 펌 제1제 처리 후 두발을 산린스제로 처리하면 알칼리를 중화시킴과 동시에 제2제의 작용도 높일 수 있는 pH balance 역할을 한다.

3. 오일 린스제는 양질의 동백기름이나 올리브유를 더운 물에 풀어 헹구는 것에서 비롯되었으나 최근에는 양이온 계면활성제나 유성성분을 대용으로 사용함으로써 대전방지 효과나 빗질을 잘 되게 하는 것 외에 두발에 유·수분을 보충하여 컨디셔너 효과까지 지닌다. 컨디셔닝제로 사용되는 유성성분은 고급알코올, 스쿠알렌, 라놀린 등이 있다. 이 밖에 두발을 촉촉하게 하기 위한 보습제로는 글리세린, 프로필렌글리콜, 아미노산 등이 사용되며 손상모의 회복제로는 토코페롤, 폴리펩타이드, 레시틴 등이 있다.

4. 트리트먼트제의 종류는 크림, 분사형, 앰플 타입으로 나눌 수 있으며 대전방지제, 유지류, 습윤제, 모질 개량제, 계면활성제 등이 배합됨으로써 수분이나 유분을 두발에 보급한다.

연습 및 탐구문제

1. 린스, 컨디셔너, 트리트먼트를 구분하여 말하시오.
2. 린스의 목적에 따라 린스제의 조건과 종류를 설명하시오.
3. 린스 시술의 실제방법을 두상에 적용하여 매니플레이션하시오.
4. 트리트먼트의 목적과 종류에 대해 설명하시오.
5. 트리트먼트제의 원료를 나열하여 설명하시오.
6. 트리트먼트제의 사용법에 대해 설명하시오.
7. 두개피 트리트먼트의 역할에 대해 설명하시오.

참고문헌 및 참고사이트

강성구 외 7인, 『인체생물학』, 아카데미서적, 2004.

김경민 외 6인 역, 『미생물학』, 라이프사이언스, 2003.

김재호 감역, 『생물화학』, 청문각, 2002.

김재호 외 1인 역, 『생화학』 학술정보, 2003.

김태규 외 10인 역, 『면역생물학』 라이프사이언스, 2002.

류은주 외 4인, 『모발관리학』, 청구문화사, 1995.

류은주, 『HAIR DESIGN and VISAGISM』, 청구문화사, 2000.

류은주, 『Clinical HAIR COLORING』, 청구문화사, 2001.

류은주, 『모발학(Trichology)』, 광문각, 2002.

류은주 외 1인, 『모발 및 두피 관리 방법론』, 이화, 2003.

류은주 외 1인, 『Permanent Hair Wave Theory』, 이화, 2003.

류은주 외 12인, 『모발학 사전(Trichology Dictionary)』, 광문각, 2003.

류은주 외 1인, 『염·탈색 이론 및 실기』, 이화, 2004.

류은주 외 1인, 『모발미용학 개론(Outlines of Trichology)』, 이화, 2004.

류은주 외 2인, 『인체 모발 발생학(Human Scalp Hair Developmental Biology)』, 이화, 2005.

류은주 외 1인, 『인체 모발 생리학(Human Scalp Hair Physiology)』, 이화, 2005.

류은주 외 1인, 『인체 모발 형태학(Human Scalp Hair Morphology)』, 이화, 2005.

류은주 외 2인, 『TRICHLOGY(LEVEL Ⅲ)』, 도서출판트리콜로지, 2008.

류은주 외 2인, 『모발 및 두피관리에 따른 두 개피 미용교과교육론』, 다모출판, 2011.

민경희 외 6인 역, 『분자생물학』, 아카데미 서적, 1999.

박상대 외 36인 역, 『분자생물학』, 라이프사이언스, 2000.

박인국 외 6인 역, 『생화학』, 라이프사이언스, 2001.

생명과학교재 편찬회 역, 『생명과학』, 探求堂, 2002.

오진곤 편저, 『화학의 역사』, 전파과학사, 2002.

용준환 외 2인, 『인체해부생리학』, 정담, 1998.

유광석, 『탈모메커니즘』, 다모출판, 2008.

유광석, 『탈모증별상담과 실습』, 다모출판, 2008.

이성호 외 1인 옮김, 『세포전쟁』, 궁리출판, 2004.

이우주 엮음, 『의학사전』, 아카데미 서적, 1996.

이정수 외 4인 편저, 『인체생리학』, 정담, 1997.

최돈찬 옮김, 『하나의 세포가 어떻게 인간이 되는가』, 궁리출판, 2003.

한국모발학회 편, 『두개피육모관리학』, 이화, 2006.

堀口 博, 『新界面活性劑』, 李相順 譯, 世和, 1995.

安藤眞夫, 『毛髮學(Trichology)』, イソター・ビューティー・イノベーション, 2003.

김종배, 「두개피 발생에 따른 탈모요인 및 인식조사」, 한서대학교 석사학위 논문, 2006.

오강수, 「두피 및 모발관리의 인식에 관한 연구」, 한남대학교 석사학위 논문, 2006.

이순희, 「두부에서의 아로마테라피 효용성」, 한남대학교 석사학위 논문, 2004.

Alberts, Bruce et al., 『Molecular Biology of the Cell』, New York: Garland Publishing, 2002.

An Stevens et al., 『Human histology』, London: Mosby, 1997.

Bouillon, Claude, 『The Science Of Hair Care』, New York: Marcel Dekker, 2005.

Carlos Junqueira. et al., 『Basic histology/TEXT & ATLAS』, Norwalk: Appleton & Lange, 2003.

Caroline Cox, 『GOOD HAIR DAYS』, Quartet Books, 1999.

Chedekel, Miles R., 『Melanin: Its Role in Human Photoprotection』, Washington: Valdenmar Publishing Co. 1995.

Clarence R. Robbins, 『Chemical and Physical Behavior of Human Hair』, Springer-Verlag, 2002, New York.

Dale H. Johnson, 『Hair and Hair Care』, MARCEL DEKKER, 1997.

David Shier, Jackie, 『Hole's essentials of human anatomy and physiology』, Boston: McGraw-Hill, 2000.

Elaine N. Marieb, 『Essentials of Human Anatomy and Physiology』, San Francisco: Benjamin Cummings, 2000.

John Hala, 『Hair Structure and Chemistry Simplified, Milady an imprint of Delmar』, A division of Thomson Learning, Inc., 2002.

Johnson, Dale H., 『Hair and Hair Care』, New York: Marcel Dekker, 1997.

K. Morioka, 『Hair Follicle: Differentiation under the Electron Microscope-An Atlas』, Tokyo: Springer Verlag, 2005.

Halal, John, 『Hair structure and chemistry simplified』, New York: Milady/Thomson Learning, 2002.

Hearle, J. W. S., 『Atlas of fibre fracture and damage to textiles』, U. S. A: CRC Press, 1998.

Larry McKane. et al., 『Microbiology: essentials and applications』, New York: McGraw-Hill, 1996.

Lisa Zeise, Miles R. Chedekel, Tomas B. Fitzpatrick, 『Melanin: Its Role in Human Photoprotection』, Valdenmar Publishing, 1994.

Michael T. Madigan et al., 『Brock biology of microorganisms』, Upper Saddle River, NJ: Prentice Hall. 2000.

Ogle, Robert R. et al., 『Atlas of Human Hair: Microscopic Characteristics』, U. S. A: CRC Press, 1998.

Pelczar, Michael J. et. al., 『Microbiology: concepts and applications』, New York: McGraw-Hill College, 1988.

Philip Whitfield, general editor, 『The Human body explained: a guide to understanding the incredible living machine』, New York: H. Holt, 1995.

Postle, R. et al., 『The mechanics of wool structures』, England Chichester: Ellis Horwood, 1988.

Powitt, A. H., 『Hair structure and chemistry simplified』, New York: Milady Pub, Corp, 1977.

Prescott, Lansing M. et al., 『Microbiology』, IA. Dubuque: Wm. C. Brown, 1990.

Raven, Peter H., Johnson, George B., 『Understanding biology』, IA. Dubuque: Wm. C. Brown, 1995.

Robbins, Clarence R., 『Chemical and Physical Behavior of Human Hair』, New York: Springer-Verlag, 2002.

Seely, Rod R. et al., 『Anatomy & Physiology』, St. Louis: Mosby-Year Book, 2000.

Sherwood, Lauralee, 『Human Physiology(From Cells to Systems)』, U. S. A: Brooks/Cole, 2000.

Shier, Butler, Lewis, 『Hole's Human Antaomy & Physiology』, McCRAW HILL, 2004.

Stuart Ira Fox, 『Human physiology』, Boston: McGraw-Hill, 2004.

Sylvia S, Mader, 『Biology』, Boston: McGraw-Hill, 2001.

Tortora, Gerard J. Grabowski, Sandra Reynolds, 『Principles of anatomy and physiology』, New York: Harper Collins College, 1993.

Van De Graaff, Kent Marshall, 『Human anatomy』, Mass. Boston: WCB/McGraw-Hill, 1998.

De Villez, Richard L., "The growth and loss of hair", Associate Professor Division of Dermatology University of Texas Health Science Center San Antonio.

http://www.forhair.com

http://academic.pg.cc.md.us/~kroberts/lecture/web/gneg/gneg.htm

http://aer2.sbc.edu.hk

http://allserv.rug.ac.be

http://aoki2.si.gunma-u.ac.jp

http://atlasdermatologico.com.br/listar.asp?acao=mostrar&arquivo=monilethrix5.JPG

http://biology.clc.uc.edu

http://buphy.bu.edu

http://chopo.cnice.mecd.es

http://dc3.donga.com/suhah/h_living.htm

http://dermnetnz.org/hair-nails-sweat/alopecia-areata.html

http://doctor.healthkorea.net

http://dermatology.netfirms.com/SkinA2Z/F/Folliculitis.html

http://education.vetmed.vt.edu

http://emedicinehealth.com/articles/15983-8.asp

http://en.wikipedia.org

http://en.wikipedia.org/wiki/Corynebacterium_diphtheriae

http://equip.kaist.ac.kr

http://groups.msn.com/CellNEWS

http://growafrohairlong.com

http://hem.passagen.se/ablindsko/Friseur-web.htm

http://home.megapass.co.kr

http://huntley.ucdavis.edu/atlas/wart-sole.gif

http://k20.internet2.edu

http://kassaq.org

http://knuh.knu.ac.kr/

http://korterm.or.kr/

http://library.thinkquest.org

http://med.mc.ntu.edu.tw

http://museum.itzart.co.kr

http://mws.mcallen.isd.tenet.edu

http://my.dreamwiz.com/yulia0818

http://nano-size.com

http://old.dermnetnz.info

http://online-media.uni-marburg.de

http://p.album.com.ne.kr

http://physrev.physiology.org

http://rps.uvi.edu

http://techfs.net/Images/Rosemary_l.jpg

http://terrapin-gardens.com/perennials/oenothera-apricot-delight.htm

http://wine1.sb.fsu.edu

http://www.aheb.com/garden/s.html

http://www.aic.cuhk.edu.hk

http://www.alibaba.com/catalog/10339897/Herbal_Green_Tea.html

http://www.amnh.org/exhibitions/epidemic/section_04/secfour_pg_05.html

http://www.anatomy.or.kr/

http://www.angela-miksch.de

http://www.arlindo-correia.com

http://www.art-mindhair.com

http://www.atualizacaomedica.com

http://www.bbsrc.ac.uk

http://www.beauty-japan.net

http://www.beautyofasite.com

http://www.becomehealthynow.com/images/organs/cells/cell2lrg.jpg

http://www.biology.iupui.edu

http://www.biology.uky.edu/finneseth/bio209/gramstainstaph.htm

http://www.bmb.psu.edu

http://www.botany.utoronto.ca/ResearchLabs/MallochLab/Malloch/Moulds/Illustrations/Microsporum_canis02.JPG

http://www.brigittewiechmann.de

http://www.cassiopeaonline.it

http://www.cellsalive.com

http://www.chandlerssoaps.com

http://www.chemheritage.org

http://www.chemicalland21.com/

http://www.chesterfarms.com

http://www.comfsm.fm

http://www.css.cornell.edu/research/prunus

http://www.cyberbeauty.co.kr

http://www.derm.ubc.ca

http://www.derm.ubc.ca/hairinfo/09.html

http://www.devicelink.com

http://www.digitalcoding.com

http://www.dongascience.com/News/section.asp?section=photolist

http://www.drigman.com/shop/Priducts_fir_Men.html

http://www.edrugnet.com/buy-propecia.htm

http://www.egat.or.th

http://www.elliott.family.name

http://www.eunhyae.co.kr

http://www.fashion-era.com

http://www.fatsforhealth.com

http://www.fiveonedesign.com

http://www.forhair.com/hair_growth.htm#Top

http://www.fotogeriatria.net/manos.htm

http://www.gdch.de

http://www.gfmer.ch/genetic_diseases_v2/gendis_detail_list.php?offset=0&cat3=198

http://www.globallifestyle.net/1000lifestyle/saw_palmetto_berrycut.shtml

http://www.guardian.co.uk/Guardian/gallery/image/0%2C8543%2C-11104331211%2C00.html

http://www.hairfalling.com

http://www.harford.edu

http://www.hairmedicine.net/-lg=cz-51.htm

http://www.heathcoat.co.uk

http://www.herbs4u.co.kr

http://www.highergroundministry.org

http://www.homecaredelivered.com/patients/med_osto_uro_surgery.php

http://www.hudlegekontoret.com/kategorier/sykdommer/psoriasis?PHPSESSID=0a0c8b6d7b39352685af6dcc5dcbb6b5

http://www.iccb.state.il.us/student/mod/science/mod_bio111/mod9/p2.html

http://www.ikm.uni-karlsruhe.de

http://www.invalsa.com

http://www.keratin.com

http://www.keratin.com/aa/aaindex.shtml

http://www.keratin.com/ag/ag014.shtml

http://www.keratin.com/ag/ag017.shtml

http://www.kuleuven.ac.be/rega/mvr/pictures/Papilloma4.jpg

http://www.loomis-usd.k12.ca.us

http://www.louisville.edu

http://www.maxilene-hairlossshop.com

http://www.mc.uky.edu

http://www.mc.maricopa.edu/~johnson/labtools/Dbacyst/sarcina.html

http://www.medspain.com/casosclinicos/impetigo.HTML

http://www.merck.com/pubs/mmanual/plates/113pla2_4.htm

http://www.mf.uni-lj.si/derma/zbirka_slik/sldr54.jpg

http://www.merck.com/mrkshared/mmanual/plates/116pla4.jsp

http://www.microscopyconsulting.com

http://www.midohiopediatrics.com

http://www.mrcophth.com

http://www.mrsec.wisc.edu

http://www.museumonline.at

http://www.mybunjae.com

http://www.hair4u.org/

http://www.naturaldyeing.or.kr

http://www.netzeitung.de/spezial/gentechnik/298133.html

http://www.nrims.hms.harvard.edu

http://www.oldbarnfarms.com/

http://www.palaceclinic.com/hair4price.htm

http://www.pantene.com

http://www.pclaunch.com

http://www.peppermintfarm.com/lavender%2C_%27hidcote_blue%27.htm

http://www.pg.com/science/haircare/hair_twh_toc.htm

http://www.pg.com/science/haircare/hair_twh_112.htm

http://www.regionshospital.com

http://www.reviberoammicol.com   http://www.reviberoammicol.com/photo_gallery/Candida/albicans

http://www.ridgesandfurrows.homestead.com

http://www.safloweressences.co.za/Australian_Tea_Tree_Essence.html

http://www.sarajevo-x.com

http://www.sewickley.org

http://www.shef.ac.uk
http://www.skintreat.net
http://www.spartacus.schoolnet.co.uk
http://www.thailabonline.com
http://www.uaq.mx
http://www.uni-saarland.de
http://www.usask.ca
http://www.uvm.edu
http://www.vousessayezvousdecidez.com
http://www.vscht.cz
http://www.westongardens.com
http://www.xahlee.org
http://www2.swau.edu
http://www-medlib.med.utah.edu

찾아보기

(ㄱ)

가격요인(cost parameters) 93
가는 모발(fine hair) 67
가려움 제거용 샴푸(gormiside shampoo) 80
가용화 31, 35
가용화 작용(solubilization action) 35
가용화(solubilization) 29
각권 163
간충물질 106
감광소 126
감귤류 식물 121
강간혈 164
강알칼리염 43
강찰법(friction) 160
개열(weakens) 90
거품 촉진제(Foam booster) 52
거품(forming) 20
거품촉진제(form boosters) 81
건(gun) 138
건성 두개피부 130
건성모발(dry hair) 66
건조 방지용 샴푸(dry preventive shampoo) 79
건조모(dry hair) 90
검진 135
견갑골 159, 164
견외유 162
견우혈 164
견정 162, 164
경수 49
경수(hard water) 77
경찰 159
경찰법(stroking) 160
곁사슬(isoparaffin chain) 27
계란 흰자를 이용한 드라이샴푸(white egg shampoo) 81
계란흰자 분말세발(egg powder dry shampoos) 156
계면(interface) 14
계면상태(surface conditign) 14
계면에너지 16
계면장력(surface tension) 16
계면현상(surface phenomenon) 14

계면화학 14
계면활성(surface activity) 16
계면활성제의 기본(basic substance) 42
계면흡착(surface adsorption) 16
고급 지방산 48
고급알코올계 계면활성제 43
고분자 화학 14
고정용 샴푸(color fix shampoo) 80
고주파 136
고착력 105
고추틴트 126
고타 159
고타법(percussion) 160
곡 158
곡빈 162
곡차 162
곧은 사슬(paraffin chain) 27
곱슬 모발(curly hair) 67
과산화수소 47
과산화수소(hydrogen peroxide, H_2O_2) 90
광택용 샴푸(brilliant shampoo) 78
교질(膠質) 17
교질화학 14
구균 83
구부림(bending) 88
구상미셀 29
구형 18
굵은 모발(coarse hair) 67
궐음수 164
귀상부 162
그레이엄 14
그리이스상(greas phase) 33
극성 비이온 47
극성(polar) 26
극성력 42
근육 162
근육완화 120
글루타민산염 49
글리세린(glycerin) 47
글리콜류 59
글리콜이써 59

금속방출제 45
금속비누 154
금속염 74
기계적 마찰(mechanical friction) 88
기법 69
기본(basic substance) 17
기포(foaming) 29
기포성 32
기포세정제 52
기포작용(bubble action) 35
기포증진제 57
길항작용 126
꼬리부분(lipophilic group) 26

(ㄴ)

나트륨 라우리 이미노 다이프로피온산(sudium lauri imino
    dipropionate) 51
나트륨 라우리미노 다이플피온(sodium laurimino dipionate)
    51
나트륨비누 48
나트륨카보닐산(sodium carboxylate) 74
나트륨황화물(sodium lauryl sulfate) 49
나프탈렌 75
낙화생 기름 116
남성 호르몬 115
내경수성 45
내모근초(inner root sheath) 64
내분비 호르몬 116
내상(internal phase) 20
냉장(cold) 94
노화피지(aged sebum) 66
녹말(starch) 80
녹시딜(minoxidil) 122
녹차(Green tea) 118
농후함(thickening) 98
니코틴산 벤젠 126

(ㄷ)

다가알코올 59
다당류(polysaccharides) 97
다이메틸콘 코폴리올(dimethicone copolyol) 54
다이메틸콘(dimethicone) 54
다이하드록시 에틸 C12~C15 알콕실프로필 아민산화물
    (dihydroxyethyl C12~C15 alkoxypropylamine oxide)
    53
단당류(monosaccharide) 97
단백질 분해물(Photodynamic therapy, PDT) 106
단백질 유도물 54

단백질(protein) 97
단순당질(shimple sugars) 97
단순실험 94
단위체 15
달맞이 꽃 기름 116
담즙 49
당김(pulling) 88
당뇨 116
대전방지제 44, 45
대추혈 164
대후동신경 161
독두 116, 139
동물성 단백질 114
동적 접촉각 70
두개피 스켈링(scalp scaling) 134
두개피 전면 161
두개피부 마사지(manipulation) 155
두정근 161
두정부 162
드라이샴푸(dry shampoo) 80
드라이에어로졸 샴푸(dry aerosol sham poo) 80
들뜨게(flaff) 67
등전점 45
딥 컨디셔너(deep conditioners) 88
땅콩기름 116
때 152
때(soil) 64

(ㄹ)

라놀린 유도체 183
라놀린(lanoline) 54
라벤더(lavender) 120
라벨 35
라우르산 소듐염 76
라울마아이드 다이에탄올아민(lauramide diethnolamine) 53
라울아민 산화물(lauramine oxide), 코카마이드 산화물(cocamide
    oxide) 53
라이프스타일(lifestyle) 115
라임 121
라텍스(latex) 18
럭비공 모양(prolate) 19
레몬 121
로먼 카모마일(roman chamomile) 120
로이신 126
로즈마리(rosemary) 99, 120
리소신 145
린스 88
린스제(Rinsing agent) 100

(ㅁ)

마로니에 77
마사지치료 119
마일드(mild) 45
마찰(friction) 88
말아 올리기 69
말초혈관 114
매끄러움(lubricity) 92
매끄러움(slip) 96
맥동수류 발생장치 137
머리부분(hydrophilic group) 26
머리털 117
메조세라피(Mesotherapy) 138
메티오닌 59, 126
메틸 셀룰로스(methyl cellulose) 56
메틸렌염화물(methylene chloride) 80
멘톨 127
면역증강 120
모노에탄올아마이드(monoethanolamide) 52
모누두상부 130
모발 미학(hair aesthetics) 66
모발 바디감(Hail texture) 66
모발 지질(hair lipid) 64
모발관리(hair care) 57
모발유지제(hair tonics) 145
모발클렌징 52
모발형태(hair shape) 67
모세혈관 120
모이스처라이저(moisturizer) 59
모지 136
모지구 163
모지복 163
목선(nape line) 157
무기 전해질 57
무수 알킬 설포 호박산 에스터 43
문진 134
미국 식품의약국 124
미네랄 120
미녹시딜 황산염(minoxidil sulfate) 122
미리스트산 76
미세모발(miniaturized hair) 123
미셀 14
미셀(Micell) 29
미적(esthetics) 93
미충 162
민간 식이요법(folk remendies) 117
민감성 두개피부 130

(ㅂ)

바스러지기 쉬운 모(bittle hair) 90
바이브레이터 136
바이브레이터 기기 142
바이타민 E 126
반두(half-head) 94
반두실험(half head test) 154
발모 촉진제 127
발수 14
발수제 44
발제선 125, 158
방광 117
방광경 164
방광경락 117
방부제(preservatives) 100
방부제(Preservatoves) 56
배당체(glycoside) 77
배합물 48
백회혈 163
베타인 52
베타인형(betaine) 51
벤사이트 79
벤젠(benzine) 156
벤젠설폰산소듐 59
벤질기 45
변색 99
보습제 59
보조 계면활성제 42
보호막(coating) 88
볼륨감 47
부백 162
부유 현탁 17
부유물(현탁액) 31
부유선광 14
부착 14
부틸알코올 59, 75
부풀어짐(up lifted) 90
분말 드라이샴푸(powder dry shampoo) 81
분말세발(powder dry shampoos) 156
분산(dispersing) 29
분산(分散, dispersed) 17
분산계 14
분산매 14
분산상 14
분산상(dispersedphase) 17
분산작용(Dispersian action) 34
분산질 14
불연속상(discontinuous phase) 20
불용성 칼슘 43

불포화지방산 65
붕사 81
브러싱(brushing) 153
블로우 드라이어 기기(blow dryer) 137
비구형 19
비극성(nonpolar) 26
비누(soup) 42
비누가스 100
비눗기가 없는 샴푸(soapless shampoo) 78
비늘(scale) 88
비듬(dandruff) 64
비등 35
비만성 탈모 132
비오틴(biotin) 126
비이온 계면활성제(nonionic surfactant) 42
비이온성 가용화제 59
비팅(beating) 160
빌더(builders) 72
빗질(combing) 82

(ㅅ)

3급 아민 47
4급 중합체(quaternized polymers) 53
4급 질소(quaternized nitrogen) 53
4차 암모늄염 44
사지구 163
사지복 163
사코신산(sarcosinate) 50
사포닌(saponin) 77
산(acid) 153
산린스(acid rinse) 102
산성샴푸(acid balanced shampoo) 79
살균 45
살균제 45, 126
살리실산(salicylic acid) 79
상(phase) 14
색상(colors) 100
색상불변(color) 94
색소 고정제(color fix) 103
색조(tone) 100
생강 117
생강틴트 126
생물 분해성(biodegrad ability) 95
샴푸제 – 황화셀레늄(selenium sulfide) 145
샴푸피로 36
서스펜션 30
서스펜션(suspension) 18
서핑쿨러 176
석탄 타르(coal tar) 79

설탕정제 14
설폰산염(alkene sulfonates) 50
성기(carboxyl groups) 92
성형문자 73
세린 126
세발(shampooing) 134
세이지(sage) 99, 120
세정 14, 45
세정 미학(Aesthetics of detergent) 81
세정(Detergency) 67
세정(washing) 29
세정이론(Detergency theory) 68
세척(cleansing) 48
세틸산벤젠 103
세파란틴(cepharanthin) 126
셀레늄 황화물(selenium sulfide) 79
셀포 베타인형(sulfo betaine type) 45
소수기(lipophobic group) 27
소수성 15
소수성(hydrophobic) 26
소유기(lipophobic group) 27
소지 136
소펄메토(Sawpalmetto or serenoa repens) 118
소화촉진 120
소후두신경 161, 162
손상모(damage hair) 90
손질(manipulation) 57
솔곡 162
솜털(vellus hair) 125
쇼가올(shogaol) 126
수렴작용 102
수산기 알켄 설폰산염(hydroxy alkene sulfonates) 50
수산기(hydroxyl, OH⁻) 153
수산화나트륨용액 47
수소기(hydrogen, H⁺) 153
수용성(水溶性) 계면활성제 42
수중유계(水中油系, oil in water system, O/W형) 20
수중유적형(oil in water type, O/W) 33
스랩핑(slapping) 160
스쿠알렌 65
스쿠알렌(squalene) 65
스테롤(sterols) 54
스테아르산 76
스테아르산염(magnesium stearate) 79
스팬(span) 46
스피나센(spinacene) 65
습윤 33
습윤성(hnmectancy) 96
시스테인 126
시스틴 126

시진 134
시트러스(citrus) 121
식물성 단백질 114
식물성 샴푸(herb shampoo) 77
식물성 천연염료 80
식염수 137
식이요법(dietetic therapy) 115
신경 162
신장 117
신정 162
실리콘(silicones) 54, 93, 97
실리콘검 83
실리콘검(silicone gum) 54
심수 164
심장압 128
심한 곱슬 모발(excessively curly hair) 67
싸이오소론 79
쌍극성 51

(ㅇ)

5-환원효소 114
아기용 샴푸(baby shampoo) 81
아라키돈산(arachidonic acid) 116
아로마 치료 119
아르니카 77
아문 162
아문혈 164
아미노산 추출물 126
아미다졸륨 베타인 51
아민산화물(betaines and amine oxides) 52
아민염 44
아민옥사이드(amine oxide) 47
아실미틸 타우린염(AS) 및 폴리옥시에틸렌 알킬 이써 49
아연 피콜린산(Zinc picolinate) 118
아연(Zinc) 118
아이비 77
아이소프로피에 103
아이소프로필알코올 59
아이코사노이드(eicosanoid) 116
아질산 153
아쿠아 펀치 137
아크릴산(acrylate) 56
아킬아마이드 베타인 51
아토피성 피부염 119
아프리카계 미국인(African-American) 67
아황산 153
악취 제거용 샴푸(deodorant shampoo) 80
안개상(aerosol) 20
안드로젠 유전성 탈모증(androchronogenetic alopecia) 121

안식향산 103
안와상동맥 161, 162
안와상신경 161
안전도(safety) 93
안전성 51
알란토인 126
알레르기성 45
알카놀 아마이드 46
알칼리 황산에스터염 및 폴리옥시에틸렌 알킬 이써 49
알코올 황산화물(alcohol sulfates) 75
알킬 베타인 51
알킬 베타인형(alkyl betaine type) 45
알킬 설폰 이써(alkyl sulphon ether) 55
알킬 설폰산염(alkyl sulfonates) 50
알킬 이미다졸린(alkylimidazolines) 95
알킬 이써 황화물(alkyl ether sulfate) 50
알킬기 102
알킬벤젠 설폰산염(alkyl benzene sulfonates) 50
알킬벤젠(alkyl benzene) 50
알킬사슬 53
알킬아릴 설폰산화물(alkylaryl sulfonates) 75
알킬아민(alkyl amines) 95
알킬유황기(alkyl sulfosuccinates) 50
알킬유황반 에스터와 N-아실기코신산(alkyl sulfosuccinate half eseters and N-acyl sarcosinate) 50
알킬이써(alkyl ether) 68
알킬체인(alkyl chaino) 96
알킬황산염 43
알킬황산염(SLS, AS) 68
알파-올레핀설폰산(alpha-olefin sulfonates, AOS) 50
알파올레핀(sulfonating alpha-olefin) 50
암모늄염 49
암모늄황화물(ammonium lauryl sulfate) 49
압축기기(pressing) 90
애덤스(Adams) 69
액상 드라이샴푸(liquiddry shampoo) 80
액적 34
액체샴푸 47
앰플(ample) 184
야자유비누(coconut oil soap) 48
약용샴푸(itchless shampoo) 80
약제요법 121
양(쪽)성 계면활성제(amphoteric surfactant) 45
양모제 137
양빈 158
양성 계면활성제(dipolar surfactant) 42
양성비누(cationicsoap) 44
양이온 계면활성제(cationic surfactant) 42
양이온 물질(cationic substances) 92
양이온 중합체(cationic polymers) 96

양이온(+) 42
양친매성(amphipathic) 26
어는점(freezing) 94
어는점/녹는점(freezing/thaw) 94
얼굴클렌징 52
에멀션 30
에멀션화(emulsification) 30
에멀션화제(emulsification agent) 30
에스터 46
에스터(esters) 93
에스트라디올(항지루성의 작용) 126
에써옥시레이트 아민(ethoxylated amines) 95
에어로졸(aerosol) 17
에탄올(ethanol) 122
에탄올아마이드(dietthanolamide) 52
에티닐에스트라디올 126
에틸렌 옥사이드(ehtlene oxide) 52
에틸알코올 59
역성비누 44
연상(煙狀, smoke) 20
연성세제(linear alkyl benzene sulfonate, LAS) 76
연성타입 49
연속상(continuous phase) 20
연속실험 94
연수(soft water) 77
열(heat) 94
염기(amino groups) 92
염기(base) 153
염모용 샴푸(color shampoo) 80
염소 89
염수 89
염화나트륨 57
영양보조제 126
오리스 뿌리 81
오일(oils) 93
오일린스(oil rinse) 101
오일샴푸(oil shampoo) 78
옥틸디메칠 파바(Octyldimethyl PABA) 99
올리브기름 116
올리브유비누(olive oil soap) 48
왁스에스터(wax esters) 66
왁스타입(wax material) 66
완골혈 163
외관(appearance) 92
외상(external phase) 20
용해성 32
운제실렌산(wnde cyenic acid) 79
원반 모양(oblate) 19
원웨이 브러싱(oneway brushing) 157
원자단(solubilizing group) 17, 42

웨트샴푸 80
웰치노겐(swertinogen) 126
유리지방산(free fatty acids) 65
유연법 159
유연법(kneading) 160
유연작용 샴푸(soft touch shampoo) 78
유용성(油容性) 계면활성제 42
유중수계(油中水系, water in oil system, W/O형) 20
유중수적형(water in oil type, W/O) 33
유지(oil) 47
유화 14
유화(emulsification) 29
유화액(emulsion) 18
유화작용(emulsification action) 33
유화제 15
유화파괴제 28
유황(sulfur) 79
유황삼산화물(sulfur trioxide) 50
유황화셀렌 79
윤기(sheen) 96
윤기(shiny) 93
윤활 14
음이온 계면활성제(anionic surfactant) 42
음이온 콜로이드(negative colloid) 17
음이온(-) 42
응집(flocculation) 34
응집현상 19
이미다졸린형(imidazolium type) 45
이온교환 14
이온교환수지법 154
이온성 계면활성제 42
이온성 계면활성제(Ion surfactant) 43
이중유제(二中乳劑, dual emulsion) 20
이황화결합(disulfide bonds, S-S) 90
이황화탄산기(sulfates, carboxylates) 51
인슐린 116
인장강도(引張强度) 153
일염기산(monobasicacid) 79
임계미셀농도 29
임계미셀농도(crtical micelle concentration, CMC) 30
입체 반발력 35

(ㅈ)

자극제 126
자몽 121
자연요법(Naturopathy) 117
자연적 중합체(natural polymers) 96
자외선 방지(ultra violet radiation) 88
자외선 차단제(sunscreens) 99

자유에너지 18
자일린/설폰산소듐 59
장쇄 42
재부착 방지작용(Rebonding prevention action) 34
재오일화(reoiling) 82
저급알코올 59
저장 수명(shelf life) 94
전두근 161, 162
전두지 161
전발 158
전액부 162
전하(charge) 72
전해질(electrolytes) 56
점증감 47
점착제 57
접촉각도 69
정맥 162
정상 두개피부 130
정상모(virgin hair, permanent hair) 88
정수 14
정전기 감소제(caprylic, capric triglyceride) 96
정전기적 35
젖음 14
젖음(wetting) 29
제4급염(quaternary salts) 96
제품개념(product concept) 93
젯트필(jet peel) 137
족욕 119
족탕기 119
졸(sol) 18
좌욕기 119
중성염류 57
중합 14
중화(neutralize) 92
중화작용 102
증점 51
지루성 두개피부 130
지모 105
지방과 지방산에스터(fats and fatty esters) 97
지방산 47
지방산 나트륨 47
지방산 알카놀아마이드(fatty acid alkanolamides) 52, 53
지방산(alkanolamide) 52
지방산(fatty acid) 54
지방산계 계면활성제 43
지방산염 43
지방알코올(fatty esters) 54
지방에스터(fatty ester) 53
지방에스터(fatty esters) 54
지성 두개피부 130

지성모발(oily hair) 66
지압 요법 136
지질 컨디셔닝제(lipid conditioning agents) 97
직쇄상 19
진균 83
진동 159
진동법(vibration) 160
진저론(zingerone) 126
징크피리티오(zincpyrithio, ZPT) 79

(ㅊ)

참깨 기름 116
처치(treatment) 88
천연 방부제 120
천연규산염 100
천주 162
천주혈 164
천충 162
천측동맥 162
천측두동맥 161
촉감(feel) 92
추진제(pto pellants) 80
축비(axial ratio) 19
췌장 116
측두근 161
측두부 162
측두부의 경혈 161
측두절 162
측두혈관 162
층상(원통상)미셀 29
치료(therapeutic) 88
친수-친유 균형(hyerophilic-lipophilic balance, HLB) 28
친수성 15
친수성(hydrophilic) 26
친수성-친유성(Hydrophile property-Oleophilic property) 28
친유기 16
친화력 27
침전 14
침투작용 33

(ㅋ)

카모밀레(chamomile) 99
카모밀렌 80
카보닐산(carboxylate) 73
카보머(carbomers) 56
카복실기(carboxylic group) 65
카울린 81
카테킨(catechin) 114

칼륨비누 48
캡슐(capsule) 184
컨디셔너 88
컨디셔닝 배합물(Conditioning Combination) 95
컨디셔닝샴푸(conditioning shampoo) 78
컬링아이론(curling irons) 90
컵핑(cupping) 160
케라틴 105
켑사이신(capsaicin) 126
코일상(coil phase) 19
코카마이도 프로필 베타민(cocamidopropyl betaine) 53
코카마이도 프로필 하이드록시설타인(cocamidopropyl hy-
          droxysultaine) 53
코카마이드 다이에탄올아민(cocamide diesthamine) 53
코카미도프로필 베타민(cocamidopropylbetaine) 51
코카시아인(caucasian) 67
코카아이드 모노에탄올아민(cocamide monoethanolamine) 53
코캄포카복실 글리신산 프로피온산(cocamphocaboxy glycinate
          propionate) 51
코티코스테로이드(corticosteroid) 145
코퍼 137
콜라겐 105
콜레스테린. 65
콜로이드 14
콜로이드 화학 14
콜로이드계(Colloid system) 17
쿠션 브러시 142
크래프트 포인트(kraft point) 32
크로마토그래피(chromatography) 14
크림(creaming) 34
클렌징샴푸(cleansing shampoo) 77
클로로포름 65
클림퍼(crimpers) 90
키사(Kissa) 69

(ㅌ)

타우로콜산 49
타이로신 59
타이몰(thymol) 120
탄력성 105
탄산마그네슘 81
탈모 115
탈색용 샴푸(bleach shampoo, highlighting shampoo) 80
태핑(tapping) 181
탭핑(tapping) 160
테르펜 계열(terpene, C10H16) 120
테스토스테론 115
토닉 샴푸(tonic shampoos) 156
톱야자 118

퇴색 99
투웨이 브러싱(twoway brushing) 158
트라이글리세라이드(triglycerides) 65
트라이에탄올 아민라우릴 황화물(triethanolamine lauryl sulfate)
          49
트라이에탄올 아민염 49
트리트먼트 88
트리트먼트제(scalp treatment agent) 182
트리트먼트제(Treatment agent) 104
트립토판 126
트윈(tween) 46
특성(attributes) 93
특수린스(special rinse) 102
특수샴푸(special shampoo) 79
티트리(tea tree) 121
팁(tip) 88

(ㅍ)

파괴(breaking) 34
파라핀 65
파리핀(paraffins) 65
파시시한(flyaway) 82
판테놀(panthenol) 98
판테놀(vit B5) 59
판토텐산(panthothenic acid) 98
판토텐산(pantothenic acid) 126
팜유비누(palm oil soap) 48
펌제(wave, straightened permanent agent) 90
폐수 164
포화지방산 116
포화지방산(saturated fatt acid) 65
폴리비닐피로리돈 55
폴리아크릴산 셀룰로스 유도체 55
폴리에틸렌 글리콜에스터. 59
폴리에틸렌글리콜이써 59
폴리옥시에틸렌 솔비탈모노가우레이트 59
폴리옥시에틸렌 알킬 이써 43
폴리펩타이드 183
표면(surface) 14
표면장력(interfacial tension) 69
표면장력(interfacial) 69
표면저하작용(surface decline action) 35
표면활성(surface active) 16
표피성장인자(epidermal growth factor, EGF) 122
풀먹임(thickening) 97
풍부감(fullness) 92
풍지 162
풍화 89
프로스타글란딘 119

프로페시아 118, 124
프로필 75
프로필렌글리콜 59
프로필렌글리콜(propyleneglycol) 122
프로필렌글리콜의 매개체물(vehicle) 124
프리콜레스테롤 65
프리콜레스테롤(free cholesterol) 65
피나스테라이드 124
피리미딘 유도체(metadiazine) 122
피리치온(zinc pyrithione) 145
피부독성 45
피부장애 83
피지 점도(oiliness) 66
피지(sebum) 88
피지막 83
피지선 115
피지성분(Sebum component) 64
피지움(Pygeum africanum) 118

(ㅎ)

하마메리스 식물추출물 77
하이드로늄 이온() 153
하이드로졸(hydrosol) 18
하이드록실 메틸 셀룰로스 56
하이드록실프로필 메틸 셀룰로스 56
합성세제(synthetic detergent) 74
합일(coalescence) 34
항비듬 샴푸(antidandruff shampoo) 79
항염증제 126
항염효과 119
해리(解離, dissociation) 43
해리(분해) 153
해면상(海綿狀, spongy) 20
핵킹(hacking) 160
향(fragrances) 99
향수성 물질(hydrotrop) 59
허브향(herbal frgranced) 68
헤나 80
헤어 토닉(hail tonic) 81
헤테로 고리상 27
헥사메타인산나트륨 100
헥실렌글리콜 59
헹굼 작용(rinsing action) 36
혈관벽 129
혈압 129
혈액확장제 126
혈행 촉진제 126
화농상해 83
확산(diffusion) 71

황산나트륨 57
황산염(sodium lauryl ethoxy lated sulfate, SLES) 68
후두근 161, 162
후두동맥 161, 162
후두부 162
후두부(back part) 167
후면·두개피 측면 161
후미동맥 161
휘발성액체 건조세발(liquid dry shampoos) 156
휘발유(gasoline) 80
흡착(adsorption) 29, 71
히페리컴 77
힐러 스티머 136

(영문)

(A)

ABS(Alkyl benyl sulphonicacid) 83
all-worden sacs 89
aroma 119

(B)

back point 167
body-up treatment 106

(C)

castile 79
chlorine 89
Colloid Chemistry 17
combination 48
conditioner 88
continuous phase 17

(D)

disperse system 17

(E)

emulsion 30
emulsion polymerization 15

(F)

finasteride 124
floatation 15
Foamability 32

(G)

germiside shampoo 79

(H)

hair conditioning treatment 105
heat styling 90
henna shampoo 78
humectation 33

(I)

infiltration action 33
inver soap 44
ion exchange 15

(L)

LAS(lauryl alkyl sulphonic acid) 83
leave-on, rinse-off, spray 93
liquid cream shampoo 78
lubrication 15

(N)

nape side line 167
neck strip 165
neutral sat 73

(O)

oil shampoo 79

(P)

para-aminobenzoic acid 99
performance testing 94
precipitation 15
propecia 124

(Q)

quaternary 51

(R)

reconditioning treatment 105
rinse in shampoo agent 44
roll-up 34

(S)

salt water 89
SEBs(self-emulsifying base soap) 99
softening treatment 105
soil 152
Solubility 32
solubilization 31
straightened treatment 106
sugar refining 15
suspension 31

(T)

two-in-one 68

(V)

Van der Waals forces 93

(W)

Water-soluble surfactant 43
wetting 15

(기타)

分散係, disperse system 14

류은주(이학 박사) ──────────────

국가기술자격 정책심의위원회 세무직분야 전문위원
1992, 1996, 2000년 헤어월드 챔피언십 국가대표선수
한국모발학회 회장 역임
현) 한서대학교 피부미용학과 부교수(1991~현재)

오강수(미용예술학 박사) ──────────────

현) 초당대학교 뷰티미용학과 전임교수
　　한국미용예술학회 이사
　　산업인력관리공단 이용장 실기 검토 위원
　　한국미용장협회 이사

스캘프
샴푸 및 트리트먼트 교육론

초 판 인 쇄 | 2012년 7월 30일
초 판 발 행 | 2012년 7월 30일

지 은 이 | 류은주 · 오강수
펴 낸 이 | 채종준
펴 낸 곳 | 한국학술정보㈜
주　　소 | 경기도 파주시 문발동 파주출판문화정보산업단지 513-5
전　　화 | 031) 908-3181(대표)
팩　　스 | 031) 908-3189
홈 페 이 지 | http://ebook.kstudy.com
E-mail | 출판사업부　publish@kstudy.com
등　　록 | 제일산-115호(2000. 6. 19)

ISBN　　978-89-268-3361-2 93570 (Paper Book)
　　　　978-89-268-3362-9 95570 (e-Book)